Warm-up and Cool-down

Die neue Reiterpraxis

CADMOS

EVA MARIA SÜLZLE

Warm-up and Cool-down

Die Rückentätigkeit verbessern durch systematisches Auf- und Abwärmen

CADMOS

Haftungsausschluss

Die Autorin, der Verlag und alle anderen an diesem Buch direkt oder indirekt beteiligten Personen lehnen für Unfälle oder Schäden jeder Art, die durch in diesem Buch dargestellte Übungen entstehen können, jegliche Haftung ab.
In diesem Buch sind einige Reiter abgebildet, die ohne splittersicheren Kopfschutz reiten. Dies ist nicht zur Nachahmung zu empfehlen! Achten Sie immer auf die entsprechende Sicherheitsausrüstung für sich selbst: feste Schuhe und Handschuhe bei der Bodenarbeit sowie Reithelm, Reitstiefel/-schuhe, Reithandschuhe und gegebenenfalls eine Sicherheitsweste beim Reiten.

Gestaltung und Satz: r2 medien design, Verden
Titelfoto: Neddens Tierfoto
Fotos im Innenteil: Neddens Tierfoto
Lektorat: Claudia Weingand
Druck: Westermann Druck, Zwickau
Deutsche Nationalbibliothek – CIP-Einheitsaufnahme
Die Deutsche Nationalbibliothek verzeichnet diese Publikation in der Deutschen Nationalbibliografie; detaillierte bibliografische Daten sind im Internet über http://dnb.ddb.de abrufbar.

Printed in Germany

ISBN 978-3-8404-1509-8

Inhalt

Vorwort

Vielleicht fragen Sie sich, wie man ein ganzes Buch über zehn Minuten Schrittreiten schreiben kann. Schließlich lernen viele Reitschüler, dass man das Pferd ganz leicht im Schritt am langen Zügel auf Betriebstemperatur bringt. Ein wohlmeinender Rat, der Pferd und Reiter aber nicht wirklich fit fürs Training macht.

Wir alle möchten unsere Pferde optimal trainieren und dabei gesund erhalten. Dafür beschäftigen wir uns mit den verschiedensten Ausbildungsmethoden, die ein artgerechtes Reiten ermöglichen und das Zusammenspiel zwischen Pferden und Reitern so harmonisch wie möglich machen sollen. Doch häufig vergessen wir, welche Rollen die Auf- und Abwärmphasen dabei spielen. Ihnen wird im Reitsport zu wenig Beachtung geschenkt.

Von anderen Sportarten wissen wir, wie wichtig es ist, unseren Körper ausgiebig zu erwärmen, um uns auf die bevorstehende sportliche Belastung vorzubereiten. Wir schütteln zunächst einmal den stressigen Alltag von uns ab und regen den Kreislauf und die Muskeln an. Spitzensportler wärmen sich zu Anfang einer Trainingseinheit auf und entspannen am Ende wieder aktiv, da sie auf diese Weise ihre Leistungsfähigkeit verbessern und sich vor Verletzungen schützen. Beim Reiten hingegen sind nicht nur wir der Sporttreibende. Auch unsere Pferde sind Sportler, die Leistungen vollbringen. Aber warum wärmen so wenige Reiter sich und ihr Pferd angemessen auf? Die Reithalle wird betreten, und schon sitzen wir im Sattel. Warum belasten wir unsere „kalten" Pferde von Anfang an mit unserem Reitergewicht?

Wir müssen uns bewusst machen, dass es kontraproduktiv ist, sportliche Leistungen zu vollbringen, wenn der Organismus noch nicht dazu bereit ist. Sportverletzungen Muskelverspannungen, vorzeitige Erschöpfungszustände, Zerrungen oder auch der Verlust der Bewegungsfreude sind die Folge. So kommt es schnell zu Konflikten zwischen Reitern und Pferden.

Eine systematische Warm-up- und eine die Arbeit abschließende Cool-down-Phase tragen hingegen erheblich dazu bei, die Leistungen des Pferdes zu verbessern und die Freude an der Zusammenarbeit mit dem Menschen zu fördern. Sie sollten, wie in anderen Sportarten auch, zum täglichen Training dazugehören. Kein Kraftsportler beginnt sein Training unmittelbar mit Gewichten. Er läuft sich zunächst auf einem Laufband warm. Aber unsere (Kraftsportler-)Pferde tragen uns vom ersten Augenblick an. Und dass unser Gewicht unseren Partner belastet, wissen viele Reiter: Sie bilden das Pferd schließlich möglichst bis zur Versammlung aus, kräftigen seine Rumpf- und Hinterhandmuskulatur, damit die Vorhand auf Dauer keine Schäden durch das Reiten davonträgt.

Mit diesem Buch möchte ich ein Bewusstsein für die große Bedeutung der Warm-up- und Cool-down-Prozesse schaffen. In den letzten Jahren habe ich mich explizit mit diesen Vorgängen beschäftigt. Als Ausbilderin, Pferdephysiotherapeutin und Sportwissenschaftlerin möchte ich die bisher in der Literatur und Praxis beiläufig wahrgenommene Thematik unter den trainingswissenschaftlichen und anatomisch-physiologischen Aspekten erläutern und für jeden Reiter Möglichkeiten zur praktischen Umsetzung aufzeigen.

Vor diesem Hintergrund sei angemerkt, dass ich mich nicht auf spezifische Reitweisen beziehe. Die Möglichkeiten des Warm-ups und Cool-downs sind reitweisenübergreifend. Es geht um die Gesunderhaltung eines gerittenen Pferdes, egal welcher Rasse oder Nutzung. Ich arbeite mit den Gesetzen der Anatomie und Physiologie und mit Grundsätzen der Verhaltensbiologie. Diese gelten sowohl für das Dressur-, Spring- und Distanz- als auch für das Western- oder Wanderreitpferd. Lassen Sie uns nun eintauchen in ein spannendes Geflecht aus Physiologie, Psychologie und Trainingswissenschaft.

Eva Sülzle

Jeder Reiter ist **ein Trainer**

Schön, dass wir Reiter erkannt haben, dass wir nur glücklich werden können, wenn es unserem Pferd gut geht.

Was sind Ihre Ziele?

Wenn wir uns mit Pferden beschäftigen, tun wir dies häufig aus einem Grund: Wir wollen reiten. Aber warum? Meist verfolgen wir unterschiedliche Motive. Wir reiten, um uns zu entspannen, um unsere Leistung zu verbessern. Wir reiten, um fit zu bleiben, weil unsere Freunde auch reiten. Oder ganz einfach: weil es uns Spaß macht.

Unsere Motive stellen persönliche Bedürfnisse dar, die wir durch das Reiten befriedigen. Und es gibt noch viele weitere, die wir durch das Reiten stillen können. Reiter ordnen sich selbst den Turnier- oder Freizeitreitern zu. Es gibt Reiter, die leidenschaftlich gern springen, andere wiederum reiten lieber Dressur. Und dennoch haben alle eine große Gemeinsamkeit: die Zusammenarbeit mit dem Pferd.

Deshalb bedeutet Reiten mehr, als „nur" seine persönlichen Erwartungen und Ziele zu verwirklichen. **Wir sind von unserem Partner, dem Pferd, abhängig.** Nur wenn wir es schaffen, dass dieser mit uns zusammenarbeitet, können wir Spaß an unserem Sport haben. Folglich sollten wir zuallererst dafür sorgen, dass es unserem Pferd gut geht. Es soll trotz unseres Gewichts auf seinem Rücken gesund bleiben. Nur so können wir lange Zeit Freude an ihm haben.

Ziel einer jeden Ausbildungsmethode ist es daher, das **Reitpferd** gesund zu erhalten. Höre ich mich in Reiterkreisen um, stelle ich immer wieder fest, dass die Reiter allesamt bestrebt sind, dieser Forderung nachzukommen. Sie sprechen oft davon, dass sie mit ihren Pferden „arbeiten" müssen. Arbeiten steht dabei für Anstrengungsbereitschaft, Zusammenarbeit, Konzentration, Fleiß, Gehorsam. Mit der Forderung „Arbeite!" ist oftmals eine negative Assoziation verknüpft. Oft höre ich im Stall Sätze, wie: „Der hat heute überhaupt nicht mitgearbeitet." Reiter meinen dann, dass das Pferd sich nicht angestrengt hat oder die

Sobald wir aufsteigen, übernehmen wir Verantwortung für die Gesundheit des Pferdes.

Hilfen nicht annimmt. Der Reiter ist frustriert. Aus Unwissenheit setzt er zum Kampf an: Er rüstet sich mit Gerte und Sporen. „Ich will dir ja nur Gutes und harmonisch mit dir zusammenarbeiten", wird er vermutlich sein Vorgehen rechtfertigen. Aus dem Bestreben, alles richtig und bestmöglich zu machen, damit das geliebte Pferd gesund bleibt, verfallen manche Reiter kläglichen Methoden, die mit Gesunderhaltung und Freude am Reiten nichts mehr zu tun haben. Das Pferd wird schlussendlich doch krank und sie sind frustriert.

Der Begriff „arbeiten" ist an sich gar nicht falsch. Er implementiert bereits verschiedenste Vorstellungen eines guten Trainings. Nur leider werden diese nicht immer umgesetzt. Erfolgt beispielsweise nach Phasen großer Anstrengung keine Pause, kann die eingeforderte Leistungsbereitschaft schnell zur Überforderung führen. Das Pferd reagiert mit Verspannungen und Ungehorsam. In einem strukturierten Trainingsablauf hingegen wird die zu absolvierende Belastung („Arbeit") aufgeteilt und passt sich den Voraussetzungen des Pferdes an. Es wird zielgerichtet gearbeitet und somit Verletzungen vorgebeugt.

Ein Training ist somit immer an bestimmte Zielvorgaben geknüpft. Wir machen uns Gedanken darüber, was wir trainieren wollen. Dann planen wir, wie wir an das gewünschte Ziel kommen. Die Trainingsplanung wird dabei von verschiedensten Faktoren beeinflusst (siehe Abbildung 1).

Hauptsache gesund

Das oberste Ziel sollte natürlich die Gesunderhaltung des Pferdes sein. Wir müssen also dafür sorgen, dass unser Pferd trotz unserer Nutzung gesund bleibt – egal, welches Ausbildungsniveau es hat. Die Forderung, dass unser Pferd keine Schäden durch das Reiten davonträgt, beginnt ab jenem Moment, wo wir aufsteigen. Das Wohlbefinden hat höchste Priorität, dem sich spezifische (Teil-)Ziele, wie das Erarbeiten von Lektionen oder das Springen über Hindernisse, unterordnen. Die spezifizierte Ausbildung im Springen, Dressur- und Westernreiten hat der Gesunderhaltung des Pferdes stets nachzukommen. Sie muss die anatomisch-physiologischen Gesetzmäßigkeiten des Pferdekörpers befolgen.

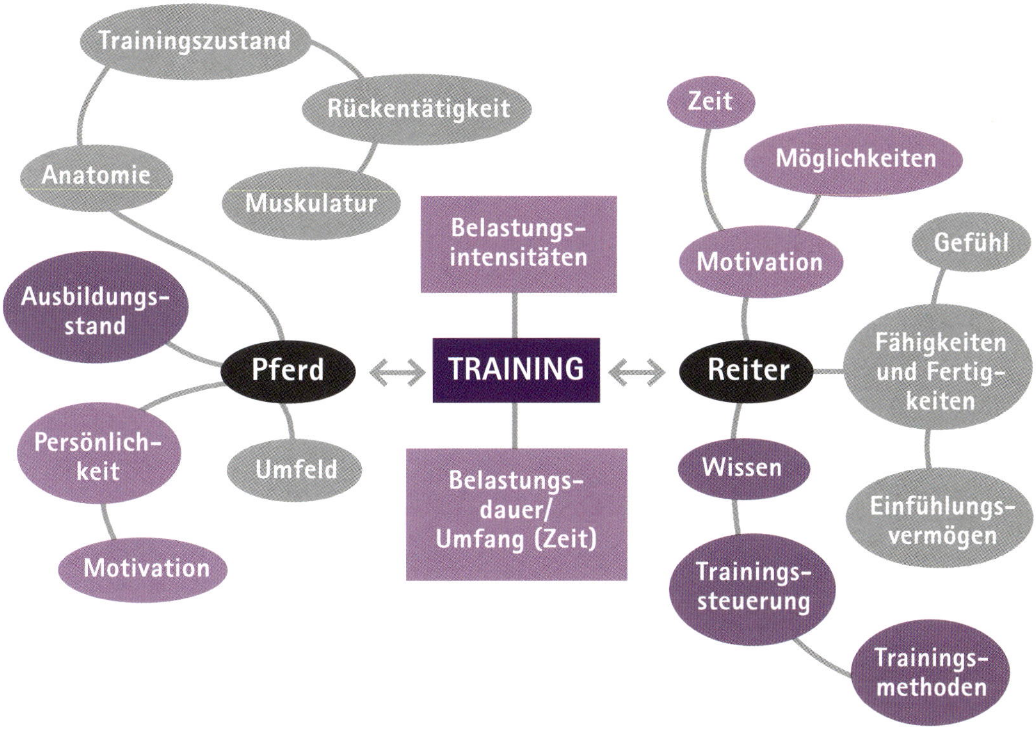

Abbildung 1: Unzählige Faktoren haben Einfluss auf das tägliche Training. Wir müssen sie planend berücksichtigen, um effektiv trainieren zu können.

Die Ausbildung als Reitpferd muss die anatomisch-physiologischen Gesetzmäßigkeiten des Pferdekörpers berücksichtigen und die Gesundheit des Pferdes unterstützen, egal, in welcher Disziplin man unterwegs ist.

Gesunderhaltung durch Muskelaufbau

In der Reiterei sind sich die Lehrmeister einig, dass die Muskelarbeit des Pferdes die Gesundheit maßgeblich bestimmt. Nur ein Pferd, das den Rücken aufwölben kann, schützt sich vor Überlastungen. Dazu muss der Reiter entsprechende Muskelgruppen aktivieren und kräftigen. In dicscm Zusammenhang sprechen wir von der Reitpferdemuskulatur. Es reicht nicht, sich damit auszukennen, dem Pferd die Hilfen verständlich beizubringen und diese korrekt anzuwenden. Man muss seine Arbeit auch um das Wissen einer gezielten Trainingssteuerung erweitern. Nur dann kann eine pferdefreundliche Ausbildung stattfinden. Muskelaufbauprozesse und die Gesunderhaltung des Pferdes sind nicht einfach nur Nebeneffekte einer korrekten Ausbildung. Wir müssen sie als feste Bestandteile in den Ausbildungsprozess und die Planung einer jeden Trainingseinheit miteinbeziehen. So können wir Konflikte und Verletzungen aufgrund muskulärer Erschöpfungszustände verhindern.

Wie werde ich zum Pferdetrainer?

Durch kontinuierliche Trainingseinheiten beabsichtigen wir, dass unser Pferd Kraft und Kondition aufbaut, kurz, dass es leistungsfähiger wird.

Der Muskelaufbau kommt nicht von allein – er muss gezielt gesteuert werden. Jeder Reiter ist ein Trainer!

Je besser der Trainingszustand des Pferdes, desto geringer ist die Gefahr, dass es sich verletzt oder Überlastungsschäden davonträgt.

Je besser die Muskulatur des Pferdes ausgebildet ist, desto geringer ist das Risiko, dass das Pferd Schäden durch das Reiten davonträgt. Gut arbeitende Muskeln schützen die Gelenke, trainierte Sehnen sind weniger anfällig für Verletzungen. Aber hier verfallen leider viele Reiter einem weitverbreiteten Irrglauben: **Viel Training hilft nicht immer viel!**

Verlangen wir von unserem Pferd, dass es sogleich im zügigen Tempo lostrabt und sich anstrengen muss, bewirken wir, dass die Muskeln übersäuern, verspannen und frühzeitig erschöpfen. Auch unser Pferd wird dann höchstwahrscheinlich „sauer" werden, wenig kooperationsbereit sein und nicht mit uns zusammenarbeiten wollen. Seine Motivation und die Freude an der Bewegung scheinen verloren zu sein. Das Pferd hat Muskelschmerzen.

Um diesem Missstand vorzubeugen, ist ein gutes Training in Phasen unterteilt.

Das Training sollte in Phasen unterteilt sein. Zum Aufwärmen kann man auch vom Boden arbeiten.

Die Phasen strukturieren das Training von einer niedrigen zur hohen Beanspruchung der Muskulatur. Sie bauen systematisch aufeinander auf. Das Training obliegt somit verschiedenen Prinzipien, die für den Muskelaufbau richtungweisend sind.

Wir trainieren täglich:

- vom Langsamen zum Schnellen
- vom Leichten zum Schweren
- vom Einfachen zum Komplexen

Die Trainingsphasen

Unter Berücksichtigung dieser Prinzipien unterteilen wir das Training in einzelne Phasen, die verschiedene Aufgaben und Funktionen für den Muskelaufbau haben. In jeder Trainingseinheit finden wir diese Phasen wieder. **Die erste Phase, das Warm-up,** dient der Erwärmung der Muskulatur, der Bandstrukturen und Gelenke. Das Pferd bewegt sich zunächst langsam auf großen gebogenen oder geraden Linien. Die Muskulatur wird vermehrt durchblutet und mit Sauerstoff versorgt. **In der Hauptphase, der zweiten Phase,** können wir dann entsprechende Belastungsreize setzen, die zur Leistungssteigerung und zum Muskelaufbau führen. Wir versammeln das Pferd zunehmend und erarbeiten neue Lektionen. Daran schließt sich eine **Cool-down-Phase** an, die zur Entspannung dient und den Organismus unmittelbar auf die nächste Trainingseinheit vorbereitet. Das Training wird positiv beendet.

Abbildung 2a: Diese Abbildung zeigt den Aufbau des täglichen Trainings in Phasen.

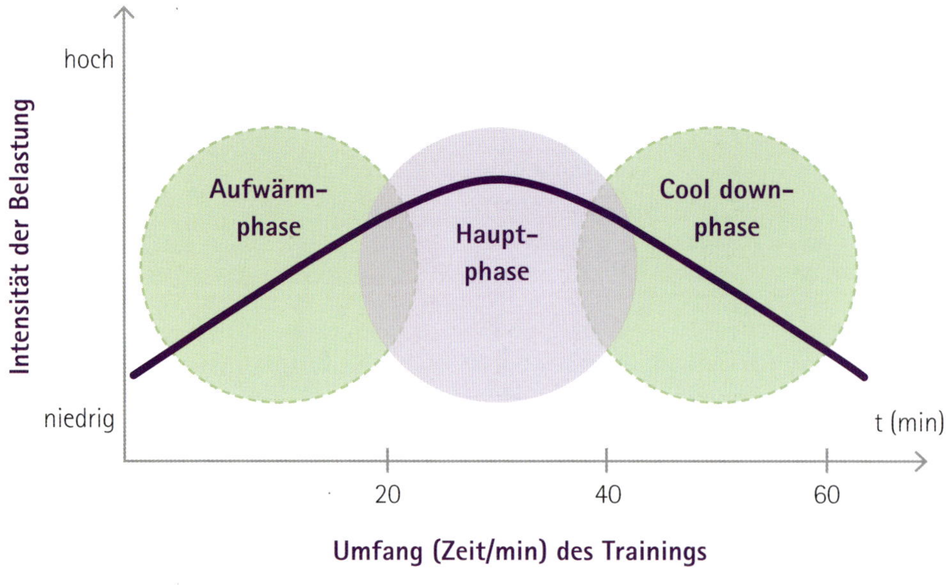

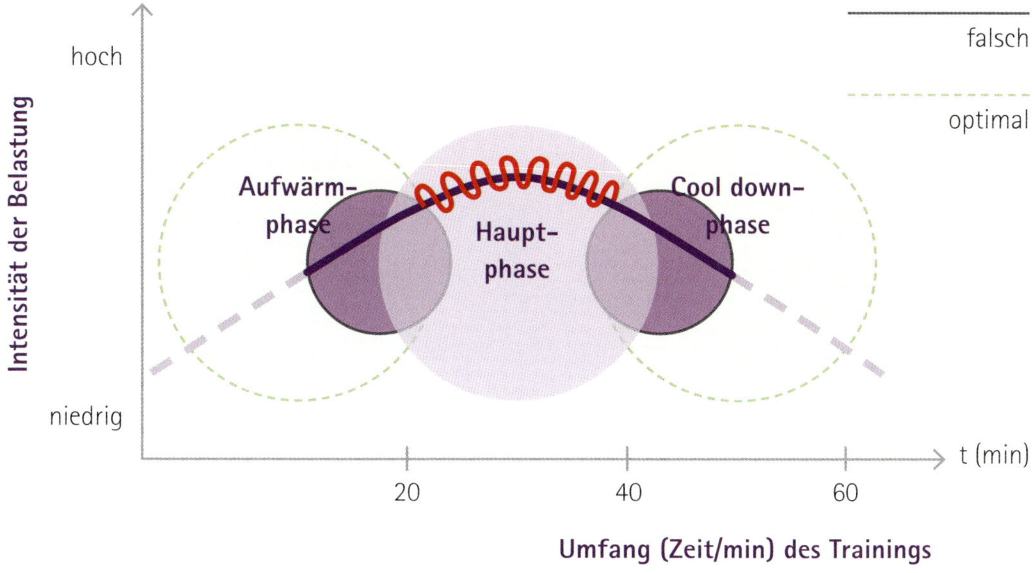

Abbildung 2b: Wenn die Warm-up- und Cool-down-Phase zu kurz geraten, steigt die Belastungsintensität zu schnell an. Das Training schadet mehr, als dass es nutzt.

Ich beginne immer langsam mit einfachen Übungen. Im weiteren Verlauf werden die Übungen und Lektionen, die ich von meinem Pferd verlangen kann, schwieriger und komplexer. Das Tempo ist ebenfalls erst langsam und wird zunehmend schneller. Verstärkungen reiten wir erst in der Hauptphase.

Wenn Sie Ihr Pferd langsam aufwärmen, bevor Sie es belasten, können Sie bereits einen erheblichen Beitrag zu seiner Gesunderhaltung leisten (siehe Kap. „Warm-up", S. 2). Gleiches gilt für die Abwärmphase (siehe Kap. „Cool-down", S. 58). Abbildung 2a zeigt den Verlauf einer Trainingseinheit in Abhängigkeit der Belastungsintensität auf. Durch die Einteilung in drei (Belastungs-) Phasen ist der Grundstein für ein gutes Training gelegt. Kommen Warm-up- und Cool-down-Phase zu kurz, steigt die Belastungsintensität zu schnell an, was zu Überlastung, Widersetz-

Das Reiten wird für Pferd und Reiter angenehmer, wenn das Verhältnis von An- und Entspannung stimmt.

lichkeit oder gar Verletzungen führen kann (Abbildung 2b). Der Wechsel von Anstrengung und Entspannung vermeidet Überforderungen, was eine harmonische Ausbildung und Zusammenarbeit mit dem Pferd begünstigt.

Was passiert in der Muskulatur?

Bei jeder Bewegung muss das Pferd seine Muskulatur benutzen. Die einzelnen Muskeln liegen dem Skelett auf und ziehen über ein oder mehrere Gelenke hinweg. Mit ihren Endsehnen sind sie am Knochen angewachsen. Mithilfe der Muskulatur kann das Pferd seine Gelenke beugen oder strecken. Ein einzelner Muskel genügt jedoch nicht, um Bewegungen zu erzeugen. Er ist auf andere Muskeln (alle zusammen ergeben eine Muskelgruppe) angewiesen und nur in Zusammenarbeit mit diesen kann eine Teilbewegung stattfinden. Bewegt sich das gesamte Pferd, sind alle Muskeln beteiligt. Und „nur das harmonische Zusammenarbeiten der gesamten Körpermuskulatur verbindet die höchste Leistung mit Schönheit der Bewegung" (Der Reiter formt das Pferd, Udo Bür-

Der Reiter muss dafür sorgen, dass das harmonische Zusammenspiel der Muskulatur erhalten und gefördert wird.

ger, FN-Buchverlag). Dieses darf nicht durch den Reiter zerstört werden. Der Reiter muss stets dafür Sorge tragen, dass das harmonische Zusammenspiel der Muskulatur erhalten bleibt.

Aufbau und Funktionsweise der Muskulatur

In der Anatomie wird zwischen der glatten, der Herz- und der Skelettmuskulatur unterschieden. Die glatte Muskulatur befindet sich im Verdauungstrakt. Sie wird über das vegetative Nervensystem gesteuert, das das Pferd nicht willkürlich beeinflussen kann. Dadurch arbeitet sie auch in Ruhe- und Schlafphasen. Der Herzmuskel ist ebenfalls ständig aktiv. Zwar ist er ähnlich wie Skelettmuskeln aufgebaut, ist aber unwillkürlich gesteuert. Skelettmuskeln sind hingegen die willkürlich steuerbaren Teile der Muskulatur und dienen der Mobilität. In ihnen liegen die einzelnen Muskelfasern (viele vereinzelte Muskelstränge, die den Muskel bilden) parallel zueinander. Am Ende gehen sie in dünne Sehnenfasern über und sind am Knochen angewachsen. Die Skelettmuskulatur wird auch als quer gestreifte Muskulatur bezeichnet.

Agonist und Antagonist

Ein Pferd hat über 250 Muskeln. Jeder einzelne Muskel einer Muskelgruppe kann bewusst angespannt und entspannt werden, um Gelenke zu beugen oder zu strecken. Kontrahiert ein Muskel, indem er sich anspannt, verkürzt er sich und bewegt auf diese Weise ein Gelenk. Im gleichen Maße, wie sich dieser Muskel (Agonist) verkürzt, muss sich sein Partner (Antagonist) jedoch dehnen, um das zur Bewegung nötige Gelenkspiel zuzulassen.

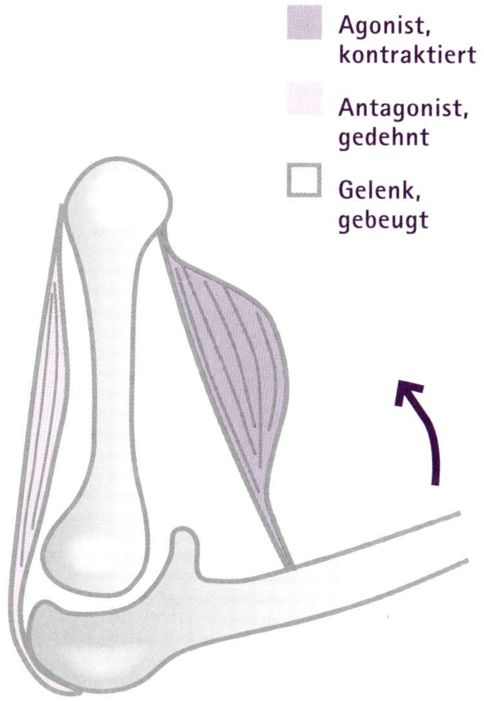

Abbildung 3: Um ein Gelenk zu beugen, muss der Agonist kontrahieren und der Antagonist sich dehnen.

Der Antagonist hat zudem noch eine weitere Aufgabe: Er dehnt seinen Partner in die Ausgangslage zurück. Die Kontraktion des Agonisten kann also nur durch seinen Gegenspieler aufgehoben werden. Dies erfolgt dann, wenn sich der Antagonist zusammenzieht (kontrahiert). Es findet folglich ein funktionales Wechselspiel zwischen dem Agonisten und Antagonisten statt. Durch dieses Wechselspiel wird ein Muskel optimal durchblutet. Sauerstoff und Energie gelangen in die Muskulatur und Abfallprodukte werden fortgeschafft. Kann sich ein Muskel jedoch nicht mehr in seine Ausgangslage zurückdehnen, entstehen dauerhafte Spannungszustände innerhalb der Muskelfasern. Verspannungen schränken das Pferd in seinen Bewegungen stark ein. Wir Reiter müssen daher immer darauf achten, dass die Muskulatur dehnbar bleibt. Unter diesen Bedingungen kann der Muskel länger physiologisch arbeiten. Also: dehnen – kontrahieren – dehnen!

Anhand ihrer Arbeitsweise können wir tonische von phasischen Muskeln unterscheiden. Tonische Muskeln können für einen langen Zeitraum im Spannungszustand verbleiben.

Wie ein Schwamm mit Wasser saugt sich ein gedehnter Muskel mit sauerstoffreichem Blut voll. Kontrahiert er, presst er Blut und Abfallstoffe heraus.

Sie können lange Zeit als elastischer Spanner haltend wirken. Sie geben dem Pferd die vom Reiter verlangte Haltung und balancieren das Reitergewicht aus. Haltemuskeln neigen jedoch aufgrund des hohen Muskeltonus zu Verkürzungen, was zu Schmerzen führen kann. Ein typischer Bewegungsmuskel dieser Art ist der lange Rückenmuskel (Musculus longissimus dorsi) siehe Kapitel „Was der Rücken über das Training verrät", S. 43).

Phasische Muskeln hingegen neigen zur Schwäche. Sie erschlaffen rasch und sind nicht mehr stark genug, um ihren Gegenspieler aus der Kontraktion herauszuführen. Liegt beispielweise eine Verspannung im langen Rückenmuskel vor, müssen die Bauchmuskeln, als physiologischer Antagonist des Rückenmuskels, trainiert werden, damit das Gleichgewicht von maximaler Kontraktion und Dehnung in der gegebenen Muskelgruppe wiederhergestellt ist.

Muskelreize setzen, aber wie?

Muskelaufbau kann nur dann erfolgen, wenn wir unser Pferd so ausbilden, dass wir entsprechende Muskelreize setzen können. Die Muskelreize führen dazu, dass sich die Muskulatur den Belastungen durch das Reiten anpasst, also adaptiert. Im Lauf des Trainings wächst sie also und wird leistungsfähiger.

Aber wie trainiert man die richtigen Muskelgruppen? Das Pferd muss zunächst die Hilfen des Reiters kennen und annehmen, um sich stellen, biegen und versammeln zu lassen. Nur wenn wir Einfluss auf unser Pferd haben, können wir Reize setzen, die die entsprechende Reitpferdemuskulatur zur Arbeit anregen.

Das Pferd benötigt ausreichend Bewegung, um seine Muskulatur zu erhalten. Moderne Pferdeställe ermöglichen das. In diesem Stall können sich Pferde 24 Stunden täglich frei bewegen – im Sommer und im Winter.

Hieran wird deutlich, wie sehr Ausbildung und Training in Verbindung stehen und wie sehr sie sich gegenseitig beeinflussen können. Steht ein Pferd nicht an den Hilfen, wird es die entsprechenden Muskelreize nicht annehmen und auf Dauer Schäden durch das Reiten davontragen. Gestalten wir im Gegensatz dazu unsere Reiteinheit so, dass wir muskuläre Überforderungen hervorrufen, kann die entsprechende Reitpferdemuskulatur ebenfalls nicht aufgebaut werden und das Pferd leidet unter Muskelschmerzen.

Muskelreize im Training können sein:

- Schulterherein zur Beanspruchung der Hinterhandmuskulatur (einseitig),
- Rückwärtsrichten zur Dehnung der Rücken- und Kruppenmuskulatur sowie Kräftigung der Lenden- und Hinterhandmuskulatur
- Volten reiten zur Beanspruchung des inneren Hinterbeins und der Haltung des Pferdes (Versammlung)
- Tempounterschiede zur vermehrten An- und Abspannung der gesamten Bewegungs- und Haltemuskulatur
- Häufiges Angaloppieren zur Kräftigung der Bauchmuskulatur und Dehnung der Rücken- und Kruppenmuskulatur

Im Grunde reizt jede Übung, die wir einem Pferd abverlangen, unterschiedliche Muskelgruppen, Band- und Gelenksysteme. Das Pferd arbeitet.

Die Leistungsfähigkeit steigt von Trainingseinheit zu Trainingseinheit. Dabei können wir einen Muskelzuwachs am effektivsten provozieren, indem wir unser Pferd über einen kurzen Zeitraum intensiv fordern und dann eine aktive Pause einlegen. Dieser Vorgang sollte sich mehrmals wiederholen (siehe Abbildung 2b). Sie können beispielsweise an der langen Seite der Reitbahn die Tritte verlängern und vor der kurzen Seite das Tempo wieder zurücknehmen. Dann reiten Sie im versammelten Tempo eine Volte. Am Ende der Volte parieren Sie durch zum Schritt und lassen Ihr Pferd eine Zirkelrunde am langen Zügel Schritt gehen. Zur geschlossenen Seite traben Sie erneut an und reiten auf der ganzen Bahn weiter. Sie verlängern an der langen Seite nochmals die Tritte, nehmen vor der Ecke das Tempo zurück und reiten im versammelten Trab eine Volte. Dann erfolgt wieder eine Pause, in der sich das Pferd dehnen und entspannen kann. Sie wiederholen die Übung noch ein weiteres Mal. Dann wechseln Sie die Hand und trainieren andersherum weiter. Die Intensität der Belastung und die Gestaltung der Pausen hängen jeweils vom individuellen Trainingszustand des Pferdes ab. Die oben beschriebene Übung eignet sich beispielsweise für junge Pferde, deren Versammlungsfähigkeit und Kondition unter dem Reiter noch nicht sehr weit trainiert sind. Bei zunehmendem Trainingszustand kann das Pferd auch im Trab oder Galopp entspannen, wenn Sie auf der Zirkelrunde die Zügel aus der Hand kauen lassen. Wollen Sie die Hinterhand zur vermehrten Lastaufnahme trainieren, ersetzen Sie einfach das Tritteverlängern durch Schulterherein. Dennoch bleibt der Ablauf der Übung derselbe. Wir setzen einen Belastungsreiz und lösen die Spannung dann wieder auf.

Der Muskelaufbau dauert bei regelmäßigem, systematischem täglichen Training bis zu drei Monate. Erfolgt eine Trainingspause, nimmt die Leistungsfähigkeit der Muskulatur wieder ab. Um das Leistungsniveau zu erhalten, müssen Sie Ihr Pferd viermal in der Woche trainieren. An den anderen Tagen genügt es, wenn Sie es longieren oder im Gelände spazieren reiten (siehe Trainingsplanung).

Tabelle 1

Adaptationsprozesse durch Belastungsreize

(nach Heipertz-Hengst, 1999):

Teilsystem	Spezifischer Belastungsreiz	Anpassungseffekt	Anpassungsgeschwindigkeit
Knochen, Knorpel	Wechselnder Druck in Längsrichtung des Knochens	Wachstum und Erhaltung	Langsam = mehrere Monate
Gelenke	„Benutzung" Wechselnder Druck „Aufwärmen"	Erhalt und Verbesserung der Beweglichkeit	Langsam
Muskeln	Anspannung Entspannung	Erhalt und Verbesserung von Kraft, Ausdauer, Schnelligkeit	Mittel = mehrere Wochen
Sehnen und Bänder	Wiederholte Bewegungsdehnung	Erhalt und Verbesserung der Beweglichkeit	Mittel bis langsam

Warm-**up**

Das Pferd muss sich erst aufwärmen, bevor es den Reiter tragen kann. Dann geht es locker und entspannt.

Zehn Minuten Schritt?

Dass man den Körper vor dem Training auf Betriebstemperatur bringen muss, lernen schon die Kleinsten im Sportunterricht. Das Auf- und Abwärmen von Pferden hingegen wird selbst in der Fachliteratur leider nur selten oder unvollständig behandelt. Obwohl viele Autoren meinen, dass die Warm-up- und Cool-down-Phasen einen positiven Einfluss auf die Gesundheit des Pferdes haben, fehlt eine genaue Anleitung zur Durchführung. Beim Aufwärmen wird lediglich auf ein zehnminütiges Schrittreiten am langen Zügel verwiesen. Des Weiteren ist es üblich, die Pferde abzutraben und danach direkt mit der Galopparbeit zu beginnen. So soll das Pferd zur Losgelassenheit finden und im Rücken zu schwingen beginnen (siehe Kapitel „Was der Rücken über das Training verrät", S. 43).

Wenn wir nun Dressur-, Spring- oder Westernreiter beobachten, werden wir feststellen, dass sich die Reiter nahezu überall an die Empfehlungen halten und die Trainingseinheit im Schritt beginnen. Jedoch kommt es leider im weiteren Verlauf des Trainings häufig zu Problemen. Nicht selten zeigen Pferde bereits in der Aufwärmphase deutliche Widersetzlichkeiten, machen sich im Genick und Hals fest oder wölben den Rücken nicht auf. Aus trainingswissenschaftlicher Sicht haben diese Startschwierigkeiten einen einfachen Grund: Das Pferd ist noch nicht bereit, das Reitergewicht zu tragen und im Arbeitstempo zu arbeiten. Sein gesamter Organismus muss sich noch auf die bevorstehenden Belastungen des Reitens einstellen.

Wie wärme ich mein Pferd systematisch auf?

Damit der Pferderücken schwingt, müssen wir im Training zunächst die Beweglichkeit der Gelenke und Dehnung der Muskulatur herstellen. Sorgen wir zu Beginn der Trainingseinheit für ausreichende Durchblutung und Elastizität in den Muskel-, Band- und Gelenksystemen, kann unser Pferd losgelassen gehen. Es kann den Rücken aufwölben und gleichmäßig vorwärtstreten. Wir sollten uns fragen, ob es für unseren vierbeinigen Partner nicht angenehmer ist, sich zunächst ohne Reiter und dessen Einwirkungen aufzuwärmen. Denn erst dann, wenn das Pferd physiologisch wie auch mental auf das Training eingestimmt ist, kann es maximale Leistungen erbringen und das Reitergewicht korrekt tragen.

Bereits in der Aufwärmphase sollten wir darauf achten, dass die Belastungen langsam ansteigen. Wir gliedern sie in zwei Phasen:

Phase 1: ein allgemeines Aufwärmen ohne Reiter

Phase 2: ein spezifisches Aufwärmen mit Reiter

Im Zentrum steht das **allgemeine** Aufwärmen durch aktives Bewegen. Diese Phase wird ohne Reiter durchgeführt. Hier wird der Organismus des Pferdes insgesamt auf ein höheres Niveau gebracht. Ziel ist die Erwärmung der großen Muskelgruppen.

Dem allgemeinen schließt sich ein **spezielles,** disziplinspezifisches Aufwärmen und Vorbelasten des Körpers an, das die Hauptbelastung einleitet. In dieser Phase reiten wir bereits. Das Aufwärmen wird sportartenorientiert durchgeführt.

Die Muskulatur muss gut aufgewärmt sein, damit das Pferd ohne erhöhtes Verletzungsrisiko im schnellen Galopp über eine Wiese rennen kann.

Für das Pferd ist es angenehmer, sich zunächst ohne Reitergewicht aufzuwärmen. Dieser Wallach schnaubt zufrieden ab.

So ist zum Beispiel beim Springreiten das Überwinden kleiner Hindernisse zu Beginn der Springstunde eine Form des spezifischen Aufwärmens.

Vor dem Reiten muss das Pferd bereits warm sein!

Bereits das Gerittenwerden selbst ist eine Form des spezifischen Aufwärmens. Durch das Reitergewicht und das „An-die-Hilfen-Gestelltsein" werden spezielle Muskelgruppen aktiviert und im besonderen Maße belastet. Steigen Sie also erst in den Sattel, wenn Ihr Pferd aufgewärmt ist!

Das allgemeine Aufwärmen ohne Reiter

Beim allgemeinen Aufwärmen ohne Reiter sollen Körperkern- und Muskeltemperatur erhöht und das Herz-Kreislauf-System aktiviert werden. Das Aufwärmprogramm erfolgt stets im ruhigen Tempo.

Was im Pferdekörper geschieht:

- **Die Herzfrequenz steigt:** In Ruhephasen schlägt das Herz des Pferdes 28- bis 40-mal pro Minute. Bei starker Anstrengung kann die Frequenz auf bis zu 230 Schläge pro Minute ansteigen.
- **Das Herzminutenvolumen vergrößert sich:** Pro Schlag pumpt das Herz eine gewisse Menge Blut in die Arterien. Ist das Pferd in Bewegung, benötigt es zunehmend mehr

sauerstoffreiches Blut im Körper. Das Herz schlägt kräftiger, sodass pro Herzschlag mehr Blut in die Arterien gelangt.

- **Der Blutdruck steigt an:** Das Blut wird bei körperlicher Arbeit mit hohem Druck in die Arterien gepumpt. Mit diesem Druck verteilt es sich im gesamten Blutkreislauf und kommt in allen Gefäßen an.
- **Das Pferd atmet öfter:** Die Atemfrequenz kann sich bei Belastung auf 120 bis 135 Züge pro Minute steigern. Im Ruhezustand atmet das Pferd hingegen nur 12- bis 16-mal pro Minute.
- **Das Atemminutenvolumen wird größer:** Durch die erhöhte Atemfrequenz kann das Pferd deutlich mehr Luft einatmen. So gelangt mehr Sauerstoff in die hart arbeitenden Muskelzellen. Atmet das Pferd in Ruhe circa 48 bis 96 Liter Luft pro Minute ein, sind es bei großer Anstrengung bis zu 1600 Liter pro Minute.
- **Muskulatur, Gelenke und Bindegewebe erreichen „günstige Betriebsbedingungen":** Die leichte Bewegung beim Aufwärmen fördert die Produktion von Gelenkschmiere. Die Gelenke werden zunehmend beweglicher und die Bewegungen des Pferdes elastischer. Zudem erzeugt die Muskeltätigkeit Wärme, die für eine optimale Durchblutung und Versorgung des gesamten Bewegungsapparats wichtig ist.
- **Der Stoffwechsel beschleunigt sich:** Durch die Aktivierung des Herz-Kreislauf-Systems wird der gesamte Körper des Pferdes stärker durchblutet und mit Sauerstoff versorgt. Nähr stoffe gelangen schneller in die Muskulatur. Durch die erhöhte Körperwärme bei muskulärer Arbeit wird dieser Prozess optimiert. Der Ablauf von chemischen Reaktionen erfolgt schneller als im Ruhezustand bei 37 Grad Celsius Körpertemperatur.
- **Nervenprozesse werden aktiviert:** Das Gehirn ist über das Rückenmark und über sogenannte motorische Nerven mit der Muskulatur verbunden. Auf diese Weise steuert es die Bewegungen des Pferdes. Der Muskel kann über diese Verbindung auch Botschaften an das Gehirn senden. Um Bewegungen zu regulieren, findet ein permanenter Informationsaustausch zwischen der Muskulatur und dem Gehirn statt. Der Muskel informiert das Gehirn über seinen jeweiligen Spannungszustand und das Gehirn sendet dem Muskel entsprechende Signale zur Entspannung oder Kontraktion.
- **Die Aufmerksamkeit steigt:** Das Pferd nimmt die Umwelt über seine Sinnesorgane wahr. Es sieht, hört und riecht, was in seiner Umgebung passiert. Über die Hufe ertastet es den Untergrund, über den es läuft. Des Weiteren muss sich das Pferd in der Bewegung bewusst ausbalancieren, um nicht zu stürzen. Stand es gerade noch schläfrig im Stall, wird es bei leichter Bewegung zunehmend aufmerksamer.
- **Das Pferd ist motivierter:** Die Regulierung der Muskelbewegungen wird von bestimmten Hirnregionen übernommen. Diese sind wiederum mit anderen Hirnstrukturen verbunden. So nimmt auch die psychische Verfassung des Pferdes Einfluss auf die Leistungsbereitschaft. Entspannt sich das Pferd beim Aufwärmen, können die oben genannten Prozesse optimal ablaufen und den Organismus auf Leistung einstellen. Dies wirkt sich wiederum auf die Psyche des Pferdes aus. Das Pferd bekommt eine positive Einstellung zum Training, da sein Körper optimal darauf eingestimmt ist. (Entnommen aus: Heipertz-Hengst, 1999, S. 60)

Das allgemeine Erwärmen ohne zusätzliches Reitergewicht bereitet den Organismus bestmöglich auf die bevorstehende Belastung des Reitens vor. Die einzelnen der oben genannten Teilsysteme sind voneinander abhängig und ergeben ein Regelkreissystem. Ist ein Teilsystem ungenügend vorbereitet, kann es zu einer Leistungsminderung mehrerer Teilsysteme oder des gesamten Organismus kommen – das Pferd ermüdet schneller. Ist die Arbeitsmuskulatur in der Hauptphase des Trainings noch nicht erwärmt und ausreichend durchblutet, erhält sie nicht genügend Nahrung und Sauerstoff. In diesem Fall muss sie zu lange anaerob (ohne Sauerstoff) arbeiten. Dies führt zu einem raschen Leistungsabfall, da sich Abfallprodukte wie Laktat (Milchsäure)

Ein perfekter Moment. Wir alle kennen das Gefühl, im Einklang mit unserem Pferd zu sein. Umso schöner ist es, wenn auch unser Pferd Freude an der Zusammenarbeit mit uns hat.

Um neue Lektionen, hier das Übertreten, zu lernen, muss sich das Pferd konzentrieren können. Hier üben Pferd und Reiterin das Übertreten.

in der Muskulatur anhäufen und die Muskeltätigkeit blockieren. Der Muskel verspannt.

Am deutlichsten können wir Muskelverspannungen am langen Rückenmuskel wahrnehmen (siehe Kapitel „Was der Rücken über das Training verrät", S. 43). Daher ist die **Losgelassenheit das zentrale Ziel der allgemeinen Aufwärmphase.** Wir erkennen sie an einem schwingenden Pferderücken.

Das aktive, allgemeine Aufwärmen ohne Reiter wirkt sich auch auf die Psyche des Pferdes aus: Es wird aufmerksamer und leistungsbereiter. Das begünstigt technische und koordinative Lernprozesse. Das Pferd kann neuromuskuläre Zusammenhänge besser und schneller begreifen: etwa, dass Schenkeldruck bedeutet, dass das gleichseitige Hinterbein vermehrt untertreten soll. Die psychische Verfassung des Pferdes kann den Ausbildungsprozess also stark beeinflussen.

Sie sehen, welch immensen Einfluss die Warm-up-Prozesse auf den Körper und die Psyche des Pferdes haben! Dafür dauern sie länger als die oft empfohlenen zehn Minuten Schritt: Die aktive Bewegungszeit des allgemeinen Aufwärmens sollte mindestens 15 bis 20 Minuten betragen. Beispiele hierfür finden Sie im nächsten Kapitel. In dieser Phase trägt das Pferd noch keinen Reiter, um den Organismus im niedrigen Belastungsbereich langsam auf die Arbeit und die Anforderungen vorbereiten zu können.

Wie sieht die allgemeine Aufwärmphase aus?

Wir haben nun erfahren, wie sich das allgemeine Aufwärmen ohne Reitergewicht auf den Körper und die mentale Verfassung des Pferdes auswirkt. Ich habe bereits angesprochen, dass das Aufwärmprogramm bei niedriger Belastungsintensität durchgeführt werden muss, um eine langsame Einstimmung auf Leistung und Arbeit sicherzustellen. Aber wie bewegen wir unser Pferd im niedrigen Belastungsbereich?

Zunächst müssen wir diesen bestimmen. Dazu richten sich Sportwissenschaftler und Profitrainer nach Pulswerten des Pferdes. Diese geben uns einen Überblick über die Beanspruchung des Organismus bei Anstrengung. Bei einer maximalen Anstrengung erreicht das Pferd circa 230 Herzschläge pro Minute (maximale Herzfrequenz

Über das Tempo können wir die Belastungsintensität steuern. Im ruhigen Galopp wärmt sich das Pferd auf. Es tritt zunehmend unter den Schwerpunkt und der Rücken wölbt sich.

= 100 Prozent). Eine geringe Belastungsintensität umfasst etwa 50 bis 60 Prozent der maximalen Herzfrequenz. Die Pulswerte bei leichter Bewegung liegen somit bei 115 bis 138 Schlägen pro Minute. Ab 139 Schlägen pro Minute sprechen wir von leichter Arbeit.

Da sich Pulsuhren im Basisreitsport noch nicht durchgesetzt haben, müssen wir uns einen anderen Parameter suchen, der uns eine Einschätzung der Belastung ermöglicht: das Tempo. Als Reiter haben wir einen guten Einfluss auf die Geschwindigkeit unseres Pferdes. Dadurch können wir das Training in unterschiedliche Belastungszonen einteilen. **Je langsamer das Tempo ist, desto geringer ist auch die Belastungsintensität.** Um unser Pferd folglich bei niedriger Intensität zu erwärmen, nutzen wir sein individuelles „Wohlfühltempo".

Bestimmung des Wohlfühltempos

Das Wohlfühltempo ist das Tempo, in dem sich Ihr Pferd offenbar stundenlang bewegen kann, ohne zu ermüden. Es ist so niedrig gewählt, dass das Pferd gerade so vorankommt, ohne zu stolpern. Manche „Besserwisser von der Bande" würden jetzt behaupten, Ihr Pferd sei extrem faul und würde Sie nur „veräppeln", weil es sich nicht in einem anständigen Arbeitstrab oder -galopp bewegt. Aber Sie lassen sich davon nicht beirren. Sie wissen, dass das ruhige Tempo dem allgemeinen Aufwärmen dient.

Im Wohlfühltempo ist eine leichte Vorwärtstendenz sichtbar, wobei die Hinterhufe im Trab nicht über die Spur der Vorderhufe treten. Zumeist berühren die Hinterhufe die

Abdrücke so gerade eben. Ein Auf- und Abschwingen des hinteren Rückenbereichs (Lende) ist deutlich sichtbar. Das Pferd kippt sein Becken rhythmisch beim Beugen und Strecken des Hüftgelenks. Beim Vorführen des inneren Hinterbeins können Sie im Schritt und Trab die Kruppenmuskulatur des äußeren Beins sehen. Fußt das äußere Hinterbein vor, wölbt sich der innere Muskelstrang auf und verdeckt die äußere Seite.

Der Hals des Pferdes ist eine Art Balancierstab und kann aufgrund des geringen Tempos nach vorwärts-abwärts fallen gelassen werden. Das Pferd lässt den vorderen Rückenbereich los und fächert seinen Widerrist auf. Im Übergang vom Widerrist in den Rückenbereich können Sie auf und nieder schwingende Bewegungen wahrnehmen.

Beim Longieren können Sie den Zirkel durch das Mitgehen vergrößern. So longieren Sie auf einer möglichst großen Außenbahn. Das langsame Tempo und das Laufen auf großen gebogenen Linien verhindern eine Überlastung der Fußgelenke in der Kurve.

Der pendelnde Schweif, ein aufmerksamer Gesichtsausdruck, Kaubewegungen und das Ohrenspiel sind weitere Kennzeichen von Losgelassenheit.

Im Wohlfühltempo werden keine Muskeln aufgebaut.

Es dient lediglich der Aktivierung der verschiedenen Aufwärmprozesse und bereitet so auf die kommende Arbeit vor.

Ihr Pferd sollte sich nach einiger Zeit warm anfühlen, aber nicht nass geschwitzt sein.

Der Wallach joggt im Wohlfühltempo. Dieses Bild macht deutlich, dass Pferde nicht ausgebunden werden müssen, um ihren Hals fallen zu lassen und den Rücken aufzuwölben.

Ebenfalls sollten Sie die verstärkte Atmung wahrnehmen, aber Ihr Pferd darf nicht „pumpen". Schwitzt Ihr Pferd übermäßig und pumpt, befindet es sich nicht im Wohlfühltempo!

Wir fordern das Wohlfühltempo im Trab sowie im Galopp. Im Schritt kann durchaus darauf geachtet werden, dass Ihr Partner einen fleißigen Mittelschritt geht, da wir eine gewisse Aktivierung des Organismus beabsichtigen.

Wohlfühltempo versus Auf der Vorhand latschen

Die erste Frage, die mir viele Reiter stellen und warum sie oftmals sehr skeptisch reagieren, wenn ich ihr Pferd an der Longe umhertrotten lasse, ist diese: „Aber jetzt latscht er doch nur auf der Vorhand rum?"

Dazu antworte ich immer, dass sich ihr Pferd jetzt in einem idealen körperlichen

Nach dem allgemeinen Aufwärmen ist das Pferd warm, aber schwitzt nicht.

Die Vorderbeine sind zum Tragen des Pferdekörpers ausgebildet. Bei der Landung fangen sie das gesamte Gewicht ab.

Gleichgewicht befindet. Denn ein Pferd würde sich nicht, vorausgesetzt es liegen keine Blockaden, Verspannungen, Verletzungen oder Schmerzen anderen Ursprungs vor, in einer Körperhaltung vorwärtsbewegen, in der es sich unnötig stark anstrengen muss. Es bewegt sich in seiner Wohlfühlhaltung vorwärts. Als Fluchttier ist sein Körper anatomisch so aufgebaut, dass es hohe Geschwindigkeiten erreichen kann und dabei nicht stürzt. Der überwiegende Teil seines Körpergewichts lastet somit auf der Vorhand. Sie trägt und stabilisiert den Körper zusammen mit dem Hals, während die Hinterhand funktional für den Antrieb zuständig ist. Oftmals vergessen wir Reiter, dass die natürliche Gewichtsverteilung bei Pferden zu 55 Prozent auf der Vorhand lastet. Das ist anatomisch so beabsichtigt und die körperlichen Strukturen der Vorhand sind hierfür entsprechend ausgebildet.

Die Vorhand schützen

Bewegt sich das Pferd also in einer freien Körperhaltung an der Longe, läuft es natürlich auf der Vorhand. Es stellt jedoch keine besondere Belastung für diese Strukturen dar. Da sich das Pferd noch in der Aufwärmphase befindet, darf es sich in einer frei auszubalancierenden Körperhaltung bewegen. **Um die Vorhand dabei nicht zusätzlich zu belasten, sollte das Pferd nicht ausgebunden sein.** So kann es auch seinen Hals zum Ausbalancieren nutzen. Untersuchungen von General Morris oder Capitaine de Saint-Phalles (in: Karl, Irrwege der modernen Dressur, Cadmos, 2006/2007) zeigen auf, dass eine gleichmäßige Belastung der Vor- und Hinterhand nur in Versammlung stattfindet. Auch unter dem Reiter wird die Vorhand zumeist also mehr belastet. Erst dann ist darauf zu achten, dass es die zusätzliche Last auf alle vier Beine gleichmäßig verteilt, um die Vorhand vor Schäden zu schützen. Dass die Aufwärmphase ohne Reitergewicht stattfindet, schützt also auch die Vorhand. Erst wenn die Strukturen erwärmt und auf Belastungen eingestellt sind, beginnen wir mit dem Reiten. Und erst im Lauf der Ausbildung aktivieren wir die Hinterhand mehr und mehr zum Tragen des Reitergewichts.

Ein Beispiel

(Quelle: Karl, Irrwege der mod. Dressur, Cadmos)

Die Gewichtsverteilung eines 450 Kilogramm schweren Pferdes mit einem 75 Kilogramm leichten Reiter auf Vor- und Hinterhand:

	Vorhand	Hinterhand
Pferd	250 kg	200 kg
Sitzender Reiter	+50 kg	+25 kg
In den Bügeln stehender Reiter	+60 kg	+15 kg

Das Beispiel zeigt die Gewichtsverteilung bei einem gerittenen Pferd. Es macht deutlich, dass die Vorhand beim Reiten vermehrt belastet wird, vor allem dann, wenn der Reiter in den Bügeln steht, um den Rücken zu entlasten. Je nach Kopf-Hals-Haltung verändert sich die Gewichtsverteilung zwischen Vor- und Hinterhand zusätzlich. Der Schwerpunkt verlagert sich bei gesenkter Kopf-Hals-Haltung nach vorn, wodurch die Vorhand allein beim abwärtsgedehnten Hals +40 kg mehr Last aufnehmen muss.

Die Sorge, dass das Pferd im Wohlfühltempo auf der Vorhand laufen würde, ist somit zwar berechtigt, aber die Ausführungen zeigen auf, dass auch ein gerittenes Pferd in der Lösungsphase die vermehrte Belastung auf der Vorhand hat.

Die vermehrte Lastaufnahme der Hinterhand wird über einen langen Trainingsprozess erreicht.

Das vermehrte Tragen des Körpergewichts mit der Hinterhand wird über einen langen Ausbildungsprozess erlernt und erreicht. Eine gut trainierte Muskulatur an der Hinterhand macht das Wohlfühltempo zunehmend schwungvoller, wobei es keinerlei besondere Belastung für das Pferd darstellt und auch das Tempo nicht erhöht wird. Von „Latschen" kann also nicht die Rede sein.

Ausbinden – nein danke!

Jedes Pferd ist fähig, seinen Hals fallen zu lassen. Ohne diesen Mechanismus wäre es nicht in der Lage, einem seiner grundlegenden Bedürfnisse gerecht zu werden: der Nahrungsaufnahme. Leider hindern wir Menschen unsere Pferde oft daran, ihren Hals entspannt sinken zu lassen. Entweder weil wir sie durch die Zügelhilfen blockieren oder weil der Sattel drückt. Oder weil die Pferde sich in unserer Nähe nicht entspannen können. Wir sind oft sehr ungeduldig und wollen von der ersten Minute an, dass unser Pferd sich in einer schönen Haltung bewegt. Wir üben Druck auf unser Pferd aus und stressen es. Das Pferd lässt unter diesen Umständen seinen Hals nur sehr schwer fallen. Es weigert sich zu Anfang.

Nehmen wir uns zu Beginn eines jeden Trainings jedoch 20 bis 30 Minuten Zeit, damit sich unser vierbeiniger Partner aufwärmen kann, bringen wir Ruhe in das Zusammenspiel zwischen Pferd und Reiter. Das Pferd reagiert mit einer losgelassenen Körperhaltung. Der Schweif pendelt, der Rücken schwingt und es lässt seinen Kopf nach vorwärts-abwärts fallen. **Diese Entspanntheit können wir nicht durch Hilfsmittel wie Ausbindezügel herbeiführen.** Im Gegenteil: Wir bauen damit noch mehr Druck auf. Unserem Pferd fällt es noch schwerer, sich in unserer Nähe zu entspannen. Die maximale Losgelassenheit des Pferdes können wir nur in einer angenehmen Trainingsatmosphäre herbeiführen, die durch genügend Zeit, Ausgeglichenheit und Lob gekennzeichnet ist. Bestärken Sie Ihr Pferd immer dann, wenn es sich entspannt. Machen Sie ihm Mut, sich bei Ihnen wohlzufühlen. Loben Sie es, wenn es seinen Hals fallen lässt. An dieses positive Erlebnis erinnert es sich immer wieder. Es beginnt das Training dann immer häufiger mit dieser Körperhaltung. Sie stärken Ihr Pferd auf diese Weise mental. Es erlebt die Zusammenarbeit mit seinem Menschen als Bereicherung und fühlt sich wohl.

Wir können die Losgelassenheit nicht erzwingen, wir müssen sie erarbeiten.

Aufwärmprogramme ohne Reiter

Die Aufwärmprogramme eignen sich für alle Pferde, egal wie alt sie sind oder welcher Haltungsform sie entstammen. Um die Lösungsphase für unser Pferd so angenehm wie möglich zu gestalten, müssen wir uns aber zunächst genauer mit ihm auseinandersetzen.

Boxenpferde haben aufgrund ihrer Haltung einen hohen Bewegungsdrang, der durchaus berechtigt ist. Da Pferde im Allgemeinen mehrere Stunden Bewegung täglich benötigen, um die Gesunderhaltung des Organismus sicherzustellen, müssen wir darauf achten, dass die Bewegungszeit des Tieres möglichst lang ist. Die Lösungsphase sollte daher mindestens

30 Minuten betragen, bevor wir mit dem Reiten anfangen. Aber auch Offenstallpferde sollten wir nicht sofort reiten. Auch sie müssen sich auf die kommende Belastung einstellen. Nutzen Sie hierfür das Longieren im Wohlfühltempo. Es dauert vielleicht nur 20 Minuten, aber in dieser Zeit gewöhnt sich das Pferd an den Sattel und Sie können abchecken, ob Ihr Pferd gesund ist. Das gilt natürlich auch für das Boxenpferd. Zudem brauchen insbesondere jüngere Pferde erst einen Moment, um sich von der Herde zu lösen. Lassen Sie Ihrem Partner Zeit und warten Sie ab, bis er sich auf Sie einstellt.

Das Training wird nur effektiv, wenn Sie sich genügend Zeit für die einzelnen Phasen nehmen. Ausreden zählen leider nicht!

Diese Möglichkeiten haben Sie, um Ihr Pferd schonend auf Touren zu bringen:

Spaziergang: Um die Schrittphase abwechslungsreich zu gestalten, können Sie eine kleine Runde um den Hof gehen. Pferde gehen im Allgemeinen sehr gern spazieren. Viele joggen auch brav mit ihrem Menschen mit. Sie können also die Rundengröße variieren und zum Ende ein bisschen joggen. Da wird nicht nur dem Pferd warm.

Hand- und Langzügelarbeit: Reiter, die bereits Erfahrungen mit der Hand- und Langzügelarbeit gesammelt haben, nutzen diese Form der Beschäftigung oftmals zum Lösen des Pferdes vor dem Reiten. Das Pferd steht bei dieser Arbeit an den Zügelhilfen und nimmt die reitpferdetypische Haltung ein. Es gibt im Genick nach und streckt den Kopf nach vorwärts-abwärts. Der Reiter kann das Pferd dann nach Belieben stellen, biegen und versammeln, ohne dass das Pferd jedoch einen Reiter tragen muss. Bei der Hand- und Langzügelarbeit dehnt das Pferd seine Oberlinie und tritt vermehrt unter den Schwerpunkt. Es bereitet sich optimal auf das Reiten vor.

Longieren: Beim Longieren ist darauf zu achten, dem Pferd so viele Freiheiten wie möglich zu gewähren. Wir befinden uns in der Aufwärmphase, das dürfen Sie nicht vergessen. Achten Sie daher bitte nicht darauf, dass das Pferd in der perfekten Körperhaltung trabt oder galoppiert. Das Longieren soll dazu dienen, das Pferd im Schritt, ruhigem Trab und Galopp zur inneren Entspanntheit zu führen. Zugleich wird durch die leichte Arbeit das Herz-Kreislauf-System angeregt, was zur vermehrten Durchblutung der Muskulatur führt. Und noch etwas: Das Joggen (langsames Traben oder Trotten) kräftigt die Bandstrukturen an den Gelenken. Beim Marathontraining ist diese Form des Laufens nicht wegzudenken und nimmt einen hohen Anteil des Trainingsumfangs ein. Also achten Sie nicht darauf, ob Ihr Pferd untertritt. Das soll es in der Arbeitsphase tun; jetzt soll es erst einmal seine Gelenke und Muskeln aufwärmen und geschmeidig machen. Lassen Sie es im Wohlfühltempo joggen.

Damit das Pferd zur Losgelassenheit kommt, muss es einerseits im ruhigen Tempo laufen und andererseits eine freie Körperhaltung einnehmen. Ausbinder sind unnötig, denn das Pferd lässt nach einer gewissen Zeit von allein den Hals fallen. Es entspannt sich. Das Longieren umfasst 20 bis 30 Minuten (inklusive zehn Minuten Schritt).

Führmaschine: Die Führmaschine stellt eine weitere Möglichkeit dar, das Pferd zu erwärmen. Hier kann das Pferd eine beliebig lange Zeit Schritt gehen. Das hat Vorteile für die Gelenke. Nachteilig hingegen ist, dass der Bezug zum Menschen nicht gegeben ist. Vor diesem Hintergrund sollten Sie einen gemeinsamen Spaziergang der Führmaschine vorziehen. Werden jedoch mehrere Pferde von einem (Berufs-)Reiter bewegt, so eignet sich die Anlage hervorragend, um die Pferde schonend auf- und abzuwärmen.

Putzen: Schon beim Putzen können Sie Ihr Pferd auf die kommende Arbeit vorbereiten. Durch das Massieren mit dem Striegel regen Sie die Durchblutung an. Oft mögen Pferde es sehr, wenn an den stark bemuskelten Stellen auf der Kruppe, um die Schulter herum und am Oberhals kräftiger gedrückt wird. Probieren Sie es einmal aus und beobachten Sie, wie Ihr Pferd reagiert. Sie finden schnell heraus, wo das Pferd besonders gern gestriegelt wird und wo nicht. Striegeln Sie jedoch immer nur dort, wo keine Knochen sind. Vermeiden Sie also kräftiges Striegeln im Bereich der Rippen, an der Wirbelsäule, an den Hüfthöckern sowie abwärts der Vorderfußwurzel- und Sprunggelenke. Das Putzen ist jedoch nur eine passive Form des Aufwärmens, die noch durch eine aktive ergänzt werden muss.

Freilauf: An das Laufenlassen müssen Pferde gewöhnt sein. Wenn sie in die Halle kommen und losbuckeln, dann ist das ein klassischer Kaltstart, der zuhauf zu Verletzungen führt. Haben Pferde gelernt, sich ruhig und auf der ganzen Bahn zu bewegen, sodass eine zehnminütige Schrittphase auf den geraden Linien gewährleistet ist und die Pferde sich auch weiterhin im Wohlfühltempo bewegen, ist das Laufenlassen eine sehr gute Alternative zum Longieren.

Das gemeinsame Joggen festigt die Bindung und macht Reitern wie auch Pferden Spaß.

Im Wohlfühltempo entspannt sich das Pferd. Bewegungsapparat und Kreislauf werden sanft erwärmt.

Klassische Handarbeit bereitet das Pferd ohne Reitergewicht optimal auf die richtige Reitpferdehaltung vor.

Wenn das Pferd beim Freilaufen so cool und kontrollierbar bleibt wie hier, können Sie die Arbeit „ohne alles" gern in Ihr Aufwärmprogramm integrieren.

Aufwärmtipps für den Reiter

Nicht nur das Pferd muss sich langsam auf die bevorstehende Arbeit einstellen. Auch Sie sollten sich vor dem Reiten erwärmen. Beim **gemeinsamen Spaziergang** bringen Sie Ihren Kreislauf in Schwung und können vom stressigen Alltag entspannen, bevor Sie aufsteigen. Beim Reiten können Sie sich dann voll und ganz auf sich und Ihr Pferd konzentrieren.

Oder vergrößern Sie doch mal den Zirkel an der Longe und **joggen Sie** auf der Innenbahn der Reithalle parallel zu Ihrem Pferd mit. Das langsame Warmlaufen bereitet Sie optimal auf die kommenden Belastungen beim Reiten vor. Zudem trainieren Sie mit einem 15-minütigen Aufwärmprogramm bereits Ihre Ausdauerleistungsfähigkeit.

Mit ein paar **klassischen Dehnübungen** runden Sie Ihr persönliches Aufwärmprogramm ab:

Adduktoren: Um besser in der Hüfte mitschwingen zu können, lockern Sie vor dem Reiten Ihre Oberschenkelinnenseiten. Hier sitzen die sogenannten Adduktoren, Muskeln, die das Zusammenführen der Oberschenkel ermöglichen. Machen Sie einen seitlichen Ausfallschritt und verlagern Sie Ihr Gewicht auf das gebeugte Bein. Sie können sich gegebenenfalls auch leicht darauf abstützen. Die Innenseite des gestreckten Beins wird gedehnt. Halten Sie die Spannung für zwölf Sekunden, dann Seitenwechsel.

Wade: Viele Reiter ziehen im Sattel den Absatz hoch oder federn nicht wie erwünscht bis unten durch. Die Ursache kann eine verkürzte Wadenmuskulatur sein. Sie können Ihre Wade dehnen, indem Sie die Schrittstellung (ein Bein vorn, eins hinten) einnehmen. Beugen Sie das vordere Bein und strecken das hintere, sodass die Ferse den Boden berührt. Verbleiben Sie wiederum mindestens zwölf Sekunden in dieser Stellung, dann Beinwechsel.

Brustmuskulatur: Im Alltag neigen wir durch häufiges und langes Sitzen oft dazu, einen runden Rücken zu machen. Um auf dem Pferd jedoch gerade sitzen zu können, lockern Sie vor dem Reiten Ihren Brust- und Schulterbereich. Stellen Sie sich in Schrittstellung parallel zu einer Wand (Bande). Der wandnahe Fuß ist vorn. Legen Sie dann den wandnahen Unterarm senkrecht gegen die Wand, sodass die Fingerspitzen zur Decke zeigen. Das gebeugte Ellenbogengelenk befindet sich etwas über Schulterhöhe. Bauen Sie eine Dehnungsspannung auf, indem Sie Kopf und Oberkörper zur Gegenseite, von der Wand weg, drehen. Spannung mindestens zwölf Sekunden halten, dann Seitenwechsel.

Wiederholen Sie die einzelnen Übungen **zwei- bis dreimal pro Seite.**

Grundsätzliches gilt für jedes Pferd in der allgemeinen Aufwärmphase:

- Eine zehnminütige Schrittphase zu Beginn ist unabdingbar. Dabei sind die zehn Minuten nur das absolute Minimum. Diese Phase kann problemlos verlängert werden.
- Die Aufwärmphase soll das Pferd auf die Arbeit vorbereiten, es also nicht ermüden.
- Der Bewegungsapparat stellt sich allmählich auf die vermehrte Belastung ein, also sollten Sie langsam beginnen.

Mentale Einstimmung auf das Training

Damit sich das Pferd mental und physisch auf das Gerittenwerden einstellen kann, sollten Sie ihm Angebote machen, auf die es gern eingeht.

Wir wissen nicht, in welcher Verfassung unser Pferd sich vor dem Training befindet. Dieser junge Wallach bockt ausgelassen an der Longe.

Ohrenspiel: Zurückgestellte, angeklemmte Ohren signalisieren Unbehagen. Dieser Wallach aber geht entspannt und konzentriert sich auf die Longenführerin.

Erlauben Sie Ihrem Pferd, sich in seinem Wohlfühltempo aufzuwärmen, ist es auf dem besten Weg zu einer tiefen, inneren Zufriedenheit. Das Aufwärmen vom Boden aus gibt Pferd und Reiter Zeit, sich psychophysiologisch auf die kommende (Zusammen-)Arbeit einzustellen. Wir kennen die aktuelle Tagesform unseres Pferdes nicht, wenn wir den Stall betreten. Wir können nicht wissen, ob es sich zum Beispiel in einem Mittagstief befindet. Vom Boden aus haben wir jedoch die Möglichkeit wahrzunehmen, in welcher Verfassung unser Partner gerade ist. Das kommende Training können wir dann direkt an den aktuellen Zustand des Pferdes anpassen. Und auch den Zeitpunkt, wann wir mit dem Reiten beginnen, können wir flexibel gestalten. Pferde haben, wie wir Menschen auch, Tage, an denen sie mehr und Tage, an denen sie weniger leistungsbereit sind. Ist unser Pferd nicht motiviert, gewähren wir ihm eine längere Aufwärmphase, bevor wir aufsteigen. Scheint unser Pferd an einem Tag überhaupt keine Lust zu haben, müssen wir überprüfen, ob es an den vorherigen Tagen zu viel geleistet hat und jetzt einen Tag zur Regeneration braucht. Dann können wir spontan eine aktive Regenerationsphase einleiten, indem wir es weiterhin leicht bewegen und ein paar Dehnübungen durchführen.

Woran merke ich, dass mein Pferd „warm" ist?

Nachdem in der allgemeinen Aufwärmphase die großen Muskeln des Pferdes erwärmt worden sind und sich der Kreislauf auf vermehrte Belastung eingestellt hat, können wir davon ausgehen, dass das Pferd „warm" ist.

Merkmale, die uns signalisieren, dass unser Pferd warm ist:

- pendelnder Schweif
- Abschnauben
- schwingender Rücken
- nach vorwärts-abwärts gedehnter Hals
- zufriedener Gesichtsausdruck
- Kaubewegungen

- Ohrenspiel (die Ohren bewegen sich frei vor und zurück, sie sind nicht dauerhaft zurückgelegt oder geklemmt)
- gleichmäßiges Grundtempo
- elastische, federnde Gelenke
- geschmeidiges Auffußen und Abrollen (das Auftreten und Abfußen des Pferdes ist leise, kein Trampeln und Patschen ist hörbar)
- Der Körper des Pferdes fühlt sich überall warm an.

Das spezifische Aufwärmen mit Reiter

Um die spezifischen Muskelgruppen zu erwärmen, die das Pferd in der jeweiligen Disziplin benötigt, muss ein spezielleres Aufwärmprogramm folgen. Dieses bildet einen Übergang zwischen den niedrigen Belastungen des allgemeinen Aufwärmens und den starken Belastungen in der Arbeitsphase.

Steigt der Reiter nach der circa 20- bis 30 minütigen allgemeinen Aufwärmphase in den Sattel, ist der Organismus des Pferdes bereits auf vermehrte Belastungen eingestellt, sodass das spezifische Aufwärmen oftmals nur wenige Minuten dauert. Ziel dieser Phase ist die psychische Entspannung unter dem Reiter und die vermehrte Beanspruchung der Arbeitsmuskulatur.

Um ein optimales Einspielen des Bewegungsapparats zu erreichen, müssen wir beim spezifischen Aufwärmen darauf achten, dass die Aufwärmübungen den später geforderten Leistungen zumindest ähneln. Denn erst durch das Reitergewicht und die Einwirkungen des Reiters aktiviert das Pferd diejenigen Muskelgruppen und Bewegungsautomatismen, die es in der jeweiligen Disziplin benötigt. Um die Muskulatur vor Verletzungen zu schützen, achten wir darauf, dass das Pferd in dieser Phase vorwärts-abwärts geht und sich dehnt.

Indem wir das Pferd an die Hilfen stellen, bereiten wir es darauf vor, seine Aufmerksamkeit auf unsere Anforderungen zu richten. Durch unsere

In der spezifischen Aufwärmphase werden die Reitpferdemuskeln belastet – das Pferd trägt den Reiter.

Einwirkungen können jetzt die entsprechenden Reitpferdemuskeln aktiviert werden. Mit dem Schenkel stimulieren wir beispielsweise die Bauchmuskeln des Pferdes. Die Muskeln spannen sich an und das Pferd tritt unter den Schwerpunkt. Als Konsequenz wölbt es seinen Rücken auf.

Sitzen Sie im Sattel, können Sie **bereits im Stand oder Schritt Übungen zum Zügel- oder Schenkelgehorsam** verlangen und die Dehnung der Halsmuskulatur fordern: Stellen Sie den Hals des Pferdes auf der geraden Linie in beide Richtungen und reiten Sie Schenkelweichen, Vorhandwendungen und lassen Sie die Hinterhand Schritt für Schritt in jede Richtung übertreten. Bei diesen Übungen dehnt das Pferd seine Oberlinie (Hals, Rücken, Kruppe) und tritt aktiv unter den Schwerpunkt. Innerhalb weniger Minuten können sie so das aufgewärmte Pferd von der Vorhand vermehrt auf die Hinterhand setzen. Die Belastungen des gesamten Bewegungsapparats durch das Reitergewicht reduzieren Sie um ein Vielfaches, da eine lange Aufwärmphase, in der das Pferd noch nicht über den Rücken geht, entfällt.

Aufwärmprogramme mit Reiter

Abtraben und Abgaloppieren: Nachdem Sie aufgestiegen sind, stellen Sie Ihr Pferd an die Hilfen, indem Sie die Zügel aufnehmen und sich geschmeidig auf die Bewegungen des Pferdes einlassen. Mit den Unterschenkeln senden Sie gezielte Signale an die Bauchmuskulatur, die das Pferd zu mehr Fleiß anregen. Nach einer kurzen Schrittphase (drei bis fünf Runden) lassen Sie Ihr Pferd im größtmöglichen Rahmen (also vorwärts-abwärts) auf großen Linien im Arbeitstempo traben und galoppieren. Hierdurch fördern Sie die psychische Entspannung unter dem Reiter sowie die Aktivität der Rumpf- und Hinterhandmuskulatur.

Übergänge reiten: Nach dieser kurzen Eingewöhnungsphase können Sie nun Übergänge zwischen und innerhalb der Gangarten reiten. Hiermit regen Sie das Pferd zu vermehrter, aber kurzzeitiger Mehrbelastung der Hinterhand an. Gleichsam verfeinern Sie die Hilfengebung und die harmonische Zusammenarbeit mit dem Pferd.

Ziehharmonika: Um die Rumpfmuskulatur vermehrt anzuregen und die Rückentätigkeit zu verbessern, können Sie Folgendes tun: Reiten Sie Ihr Pferd immer im Wechsel mit vorwärts-abwärts gedehnter Halsmuskulatur und in der reellen Aufrichtung. Während der „Ziehharmonika-Übung" darf Ihr Pferd nicht auf die Vorhand kommen und unter Ihnen wegrennen.

Biegungen und Seitengänge: Die großen gebogenen Linien können Sie allmählich durch engere Wendungen ersetzen. Reiten Sie Schlangenlinien und Achten. Nehmen Sie die Seitengänge hinzu, um die Hinterhand vermehrt zu belasten.

Reiten Sie des Weiteren

Springreiten: Das Überwinden kleiner Hindernisse ist eine Form des spezifischen Aufwärmens.

Übungen, die den Zügel- und Schenkelgehorsam überprüfen: Dazu zählen Vor- und Hinterhandwendungen, das Reiten in Innen- und Außenstellung auf dem Zirkel, das seitliche Abstellen des Halses auf der geraden Linie, Übertreten und Rückwärtsrichten. Diese Übungen eignen sich auch dazu, Verspannungen im Rücken zu lösen.

Die Schrittphase ist beim spezifischen Aufwärmen mit Reiter relativ kurz.

Lockeres Abtraben und -galoppieren fördern die Aktivität der Hinterhand- und Rumpfmuskulatur.

Schließlich können Sie engere Wendungen wie Volten und Schlangenlinien reiten.

Wann kann ich mit der Arbeitsphase beginnen?

„Die Konzentrationsfähigkeit eines Pferdes ist mit 20-minütiger Arbeit ausgereizt und wird bei übermäßigem Fordern unweigerlich zu Widerständen führen" (Stodulka, Medizinische Reitlehre, Parey-Verlag). Beginnende Widerstände des Pferdes bemerken viele Reiter nicht. Zurückgestellte Ohren, häufiges Lecken oder das Verwerfen im Genick sind bereits erste Anzeichen geistiger Überforderung und muskulärer Erschöpfung. Ist es so weit gekommen, haben wir das Pferd überfordert.

Wir wünschen uns aber alle, dass es Freude daran hat, geritten zu werden. Die Unterteilung des Trainings in zwei Lösungsphasen bringt Sie diesem Ziel schon mal näher. Das Lösen am Boden im niedrigen Belastungsbereich bereitet den Körper optimal auf ein höheres Beanspruchungsniveau vor, ohne das Pferd übermäßig zu fordern. **Es muss sich nicht stark konzentrieren.** Die erste Phase ist somit eine reine Bewegungsphase.

Das spezifische Aufwärmen unter dem Reiter fällt entsprechend kurz aus und **leitet unmittelbar die Arbeitsphase ein.** Die Sprünge werden allmählich erhöht oder ein höherer Versammlungsgrad wird eingefordert. Der Übergang erfolgt nahtlos. Die Arbeitsphase kann somit bei voller Konzentrationsfähigkeit und Motivation des Pferdes durchgeführt werden. Wir können die Potenziale unseres Pferdes ausschöpfen, da wir diese Phase als effektive Lern- und Trainingszeit nutzen können.

Zum Thema Gewichtsverteilung von Vor- und Hinterhand: Wir können mit unserem Warm-up einen erheblichen Beitrag zur Gesunderhaltung des Pferdes leisten. Wir schonen die Vorhand, da die Aufwärmphase unter dem Reiter verkürzt ist. Sitzen wir im Sattel, können wir vermehrt versammelnde Übungen einfordern.

Was der Rücken über **das Training verrät**

Wir müssen den Bewegungsapparat unseres Pferdes genau kennen, um das Training effektiv planen und durchführen zu können.

Oft führen Reiter Probleme im Training auf eine mangelnde Ausbildung zurück. „Das Pferd steht eben schlecht an den Hilfen", heißt es dann. Und oft stagniert die Ausbildung ihres Pferdes und erreicht nicht das gewünschte Niveau. Dann reiten sie eben mit harter Hand, traben nur leicht, weil Aussitzen nicht oder nur ganz schlecht möglich ist, und galoppieren nur links herum. Aber ist das ein zufriedenstellender Kompromiss? Wenn man nur linksherum galoppieren will, vielleicht. Aber eventuell gehört man dann irgendwann zu denjenigen Reitern, die permanent frustriert von ihrem Pferd absteigen, die Schuld nur bei ihrem Pferd suchen und auch immer finden und mit der Zeit irgendwie gar nicht mehr so richtig wissen, warum sie überhaupt reiten.

Auseinandersetzungen mit unserem Pferd, die auf muskuläre Probleme zurückzuführen sind, können wir beheben, indem wir die einzelnen Phasen des Trainings berücksichtigen. Wie Sie Ihr Pferd effektiv aufwärmen, haben Sie im vorigen Kapitel gelernt. Das ist aber nur die halbe Miete: Sie müssen lernen, zu erkennen, ob Ihr Pferd so losgelassen und aktiv geht, wie Sie es sich wünschen.

Aufbau und Funktion des Pferderückens

Als Richtwert für korrektes Training gilt die Rückentätigkeit. Viele Probleme und gesundheitliche Schäden entwickeln sich aus einem verkrampften Rücken beziehungsweise aus der falschen Tätigkeit der Rückenmuskeln. Der schwingende Rücken hingegen verrät, dass das Training gut an die Bedürfnisse des Pferdes angepasst wurde.

Um unser Training zu analysieren, ist der lange Rückenmuskel ein guter Indikator, da wir hier Verspannungen oder Blockaden am deutlichsten feststellen können. Im nachfolgenden Abschnitt erfahren Sie mehr.

Das Pferd ist kein Lastenträger!

Der lange Rückenmuskel (Musculus longissimus dorsi) umgibt die Wirbelsäule seitlich – von der Lenden- und Beckenregion bis zur Brust- und Halswirbelsäule. Dieser Muskel ist ausschließlich für die Fortbewegung zuständig und ermüdet schnell (siehe Kapitel „Aufbau und Funktionsweise der Muskulatur", S. 17).

Der lange Rückenmuskel leitet die Bewegungsimpulse der Hinterhand zur Vorhand weiter und ermöglicht den sogenannten Bewegungsfluss. Er ist über Bindegewebe mit dem großen Gesäßmuskel (Musculus glutaeus medius) und dem breiten Rückenmuskel verbunden. Somit hat er direkten Einfluss auf die Aktivität der Gliedmaße. Ist der lange Rückenmuskel verspannt, können also die Hinterbeine nicht frei nach vorn treten. Wird der breite Rückenmuskel durch eine Blockade des langen Rückenmuskels behindert, verkürzen sich die Tritte des Pferdes. Es hat dann einen gebundenen oder staksenden Gang: Es tippelt. Die Fußgelenke der Vorderbeine versteifen und die Bewegung kann nicht mehr abgefedert werden.

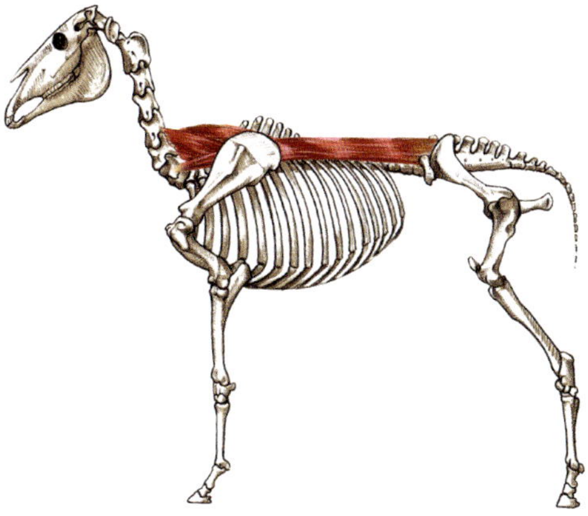

Der lange Rückenmuskel ist kein Halte-, sondern ein Bewegungsmuskel. (Zeichnung: Maria Mähler)

Der lange Rückenmuskel zeigt uns, ob Verspannungen vorhanden sind. Streichen Sie ihn vor und nach jedem Reiten ab.

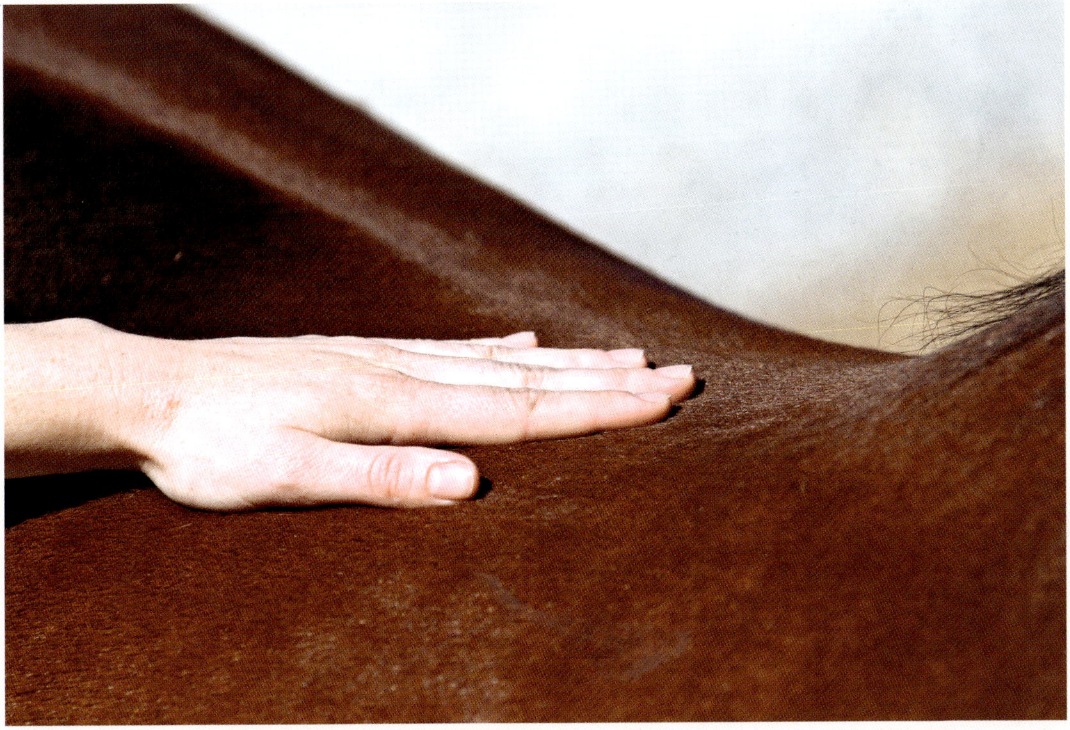

Vorsicht Denkfehler!

Ein breiter und fester Rücken ist kein starker Rücken! Oft machen wir den fatalen Fehler und glauben, Pferde mit solch einer Art von Rücken seien „Gewichtsträger". Das Gegenteil ist jedoch der Fall: Diese Pferde haben nicht gelernt, ihren Rücken aufzuwölben. Ihre Muskulatur ist verkürzt und verhärtet. Pferde mit einem festen Rücken müssen erst einmal lernen, ihre Bauchmuskeln anzuspannen. Nur so können sie das Reitergewicht tragen.

Ein idealer Rücken, der zum „Lastentragen" geeignet ist, ist der geschmeidige und bewegliche Rücken. Er muss dehnbar sein. Nur ein Pferd, das seinen Rücken aufwölbt, kann Gewichte tragen, ohne Schaden zu nehmen.

Ein breiter Rücken ist nicht unbedingt ein starker, tragfähiger Rücken. Er muss sich aufwölben lassen, um schadlos Gewichte zu tragen!

Von oben wird die Wirbelsäule von einem sehnigen Konstrukt, der Verlängerung des Nackenbandes (das Rückenband) und dem vielgespaltenen Querdornmuskel, aufgespannt. Diese Verspannung genügt jedoch nicht, um das Reitergewicht tragen zu können. Andere Muskelgruppen müssen diese Aufgabe übernehmen. Nur so kann der Rücken in seiner physiologischen Funktion ungestört arbeiten. Rückentätigkeit bedeutet, dass der Rücken schwingt, da er die Bewegungsimpulse von hinten nach vorn im Takt der Hinterbeine weiterleitet und nicht als Träger des Reitergewichts gebraucht wird. Für uns Reiter gibt es mehrere Kontrollpunkte, die uns aufzeigen, dass sich der Rücken korrekt bewegt (siehe S. 48).

Der schwingende Rücken – Funktion unter dem Reiter

Nur wenn sich sämtliche Muskeln im Pferdekörper unverkrampft an- und abspannen, kann das Pferd den Rücken aufwölben. Das gleichmäßige Kontrahieren und Dehnen des langen Rückenmuskels schützt vor vorzeitigen Ermüdungserscheinungen, da es eine ausreichende Durchblutung des Muskels ermöglicht. Schwingt der Rücken, spricht man von Losgelassenheit – dem Kernkriterium des pferdegerechten Reitens.

Das losgelassene Pferd bewegt sich taktrein und schwungvoll. Die Gelenke sind elastisch und federn. Das Pferd wölbt den Rücken auf und baut die entsprechenden Reitpferdemuskeln an Hals, Rumpf und Hinterhand auf. Es geht über den Rücken.

Das über den Rücken gehende Pferd

Um den Rücken anzuheben, benutzt das Pferd zweierlei Zugmechanismen, die die Rückenwirbelsäule aufwölben. Mittels des Nacken- und Rückenbands sowie der oberen Halsmuskulatur wölbt das Pferd den vorderen Teil seines Rückens auf. Durch eine Dehnung des Halses nach vorwärts-abwärts ziehen die Bandstrukturen die Dornfortsätze der vorderen Brustwirbelsäule nach vorn-oben. Die Widerristwirbel fächern sich auf. Außerdem spannt das Pferd bei jedem Schritt, Tritt oder Sprung seine Bauchmuskulatur an. Tritt es weit genug unter den Schwerpunkt, dehnt es seine Rücken- und Kruppenmuskulatur, wodurch die Lenden- und hinteren Brustwirbel aufgerichtet werden. Das Pferd wölbt somit den gesamten Rücken auf. Wie Sie das bei Ihrem Pferd erkennen? Ganz einfach:

Um sich biegen zu können, muss das Pferd lernen, seinen Rücken aufzuwölben.

Im weiteren Training werden die Reitpferdemuskeln systematisch aufgebaut.

Der Widerrist ist aufgefächert, wenn ...

- der Pferdehals sich lang nach vorn-unten dehnen kann.
- die Oberhalsmuskulatur „arbeitet“ und der Hals eine konvexe Form annimmt.
- das Pferd nicht rennt.
- der Hals seitlich gebogen werden kann.

Die Lendenwirbelsäule und hintere Brustwirbelsäule ist aufgewölbt, wenn ...

- die Hinterhand aktiv ist.
- das Pferd sich bereitwillig versammelt.
- das Pferd gebogen ist.

Kontrollpunkte unter dem Reiter:

Der Hals wird gedehnt

Mein Pferd ist in allen drei Gangarten fähig, vorwärts-abwärts zu gehen. Wenn ich die Zügel aus der Hand kauen lasse, sehe ich, wie der Hals länger wird und sich das Genick als Endpunkt des Halses horizontal auf der Höhe des Widerristes befindet. Mein Pferd läuft nicht schneller. Seine Tritte bleiben auch mit gedehnter Kopf-Hals-Haltung erhaben. Ich spüre, wie es mich im Leichttraben aus dem Sattel hebt.

Das Pferd bleibt „bei mir"

Im Galopp springt mein Pferd fleißig von hinten unter den Schwerpunkt, wobei es den Kopf nicht anhebt. Die Galoppsprünge sind nicht eilig oder flach. Das Pferd kann auch im Galopp den Hals fallen lassen und es scheint, als wäre der Widerrist der höchste Punkt des Pferdes. Ich fühle deutlich die aufwärtsgerichtete Bewegung des Galoppsprungs, während ich gleichzeitig auf einen vor mir abfallenden Pferdehals schaue.

Die Oberhalsmuskulatur arbeitet

Wenn ich von oben auf den Hals des Pferdes schaue, sehe ich die Oberhalsmuskulatur seitlich neben dem Mähnenansatz. Diese Muskelstränge sind so dick, dass ich darunterliegende Muskeln nicht mehr erkennen kann. Der Mähnenkamm ist beweglich und kippt je nach Stellung des Pferdes nach links oder rechts. Von der Seite betrachtet sehe ich ein Dreieck unterhalb des oberen Halsmuskels bis zur Schulter hin. Ein weiteres Dreieck befindet sich unterhalb der Ganaschen. Der Hals befindet sich also in einer konvexen Haltung. Die Ohrspeicheldrüsen sind frei und der Unterhals ist entspannt.

Das Pferd rennt nicht

Ist der Rücken des Pferdes aufgewölbt, tritt es erhaben und taktrein. Das Pferd rennt nicht unter mir davon. Es tritt gleichmäßig vorwärts. Die Trittfrequenz ist niedrig. Das Pferd macht große Schritte, Tritte und Sprünge. Es ist bequem, auf dem Pferd zu sitzen. Ich kann mich entspannen und lasse mich tragen. Ich spüre die Kraft des Pferdes bei jeder Bewegung.

Der Hals kann seitlich abgestellt werden

In jeder Gangart lässt sich mein Pferd nach innen und außen stellen. Der Hals kann seitlich abgestellt werden. Dabei bleibt das Pferd im Rumpf gerade. Es lockert und dehnt seine Halsmuskulatur. Die Balance des Pferdes wird stabilisiert.

Die Hinterhand ist aktiv

Die Hinterhand meines Pferdes ist dann aktiv, wenn es energisch abfußt. Dabei beugt es seine Hüft-, Knie- und Sprunggelenke und führt das Hinterbein weit nach vorn unter den Schwerpunkt. Mein Pferd ist nicht triebig. Ich spüre den Bewegungsfluss aus der Hinterhand nach vorn.

Das Pferd versammelt sich

Wenn mein Pferd im Rücken so beweglich ist, dass es die Lendenwirbelsäule unter dem Reiter aufwölben kann, so ist es bei gutem Training durchaus in der Lage, die Wirbelsäule über Muskelkraft zeitweise aufzuwölben. Durch das Absenken der Hinterhand aufgrund der Hankenbeugung verlagert sich der Schwerpunkt des Pferdes nach hinten. Die Hinterhand nimmt vermehrt Last auf. Hierbei muss ich darauf achten, dass ich das Pferd vorn nicht verkürze. Der Widerrist muss aufgefächert bleiben. Geschieht dies nicht, „bricht" das Pferd in der Mitte durch.

Das Pferd ist gebogen

Das Pferd kann nur gebogen sein, wenn der Rücken aufgewölbt ist. Nur im angehobenen Zustand haben die Wirbel Freiraum, um sich seitlich zu neigen, das heißt, den Pferdekörper nach links oder rechts zu biegen. Bei einem gebogenen Pferd kippt der Mähnenkamm in die jeweilige Richtung der Biegung. In den Wendungen wird das Pferd nicht langsamer oder versucht, den Hals nach unten oder oben zu drücken. Die Ohren befinden sich auf gleicher Höhe, eventuell ist das innere Ohr ein wenig tiefer.

Der Fuchswallach ist korrekt gebogen und auf die Zirkellinie eingestellt. Der Mähnenkamm ist nach links gekippt und das Dreieck unterhalb des oberen Halsmuskels ist deutlich zu erkennen. Alles weist darauf hin, dass die Oberhalsmuskulatur arbeitet.

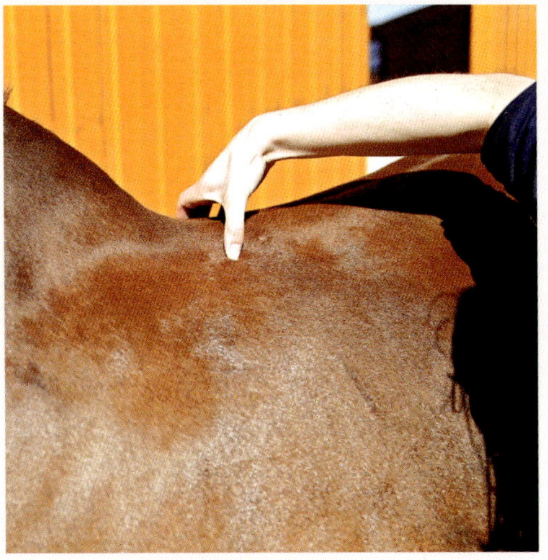

Das Pferd ist in der Lage, den Rücken weit nach unten durchzudrücken. In dieser Position darf es nicht geritten werden!

Häufige Fehler

Der weggedrückte Rücken

Wird der lange Rückenmuskel in seinem An- und Abspannen gestört, kann dies weitreichende Auswirkungen auf den gesamten Pferdekörper haben. Ein erstes Anzeichen für eine Störung kann ein weggedrückter Rücken sein. So erkennen Sie ihn:

Der Reiter fühlt, dass ...

- das Pferd den Hals nicht dehnen will.
- das Pferd keine seitliche Abstellung im Hals zulässt.
- die Tritte verkürzt sind.
- das Pferd unbeweglich oder steif erscheint.
- die Unterhals-, Brust- und Kruppenmuskeln verhärtet und schmerzhaft sind.
- der Reiter nur schwer leichttraben kann, da er doppelt einsitzt. Es fehlt die Kraft des Pferdes, ihn anzuheben.

Der Reiter/Reitlehrer sieht, dass ...

- sich das Pferd beim Putzen in Rücken- und Gurtlage unruhig verhält. Es zuckt zusammen, dreht sich weg oder schnappt nach der Hand.
- das Pferd den Rücken unter dem Reiter nach unten wegdrückt und den Reiter in einer Mulde sitzen lässt.
- das Pferd beim Reiten ums Maul leckt oder die Lippen hochzieht.
- die Ohren nahezu angelegt nach hinten zeigen.
- der Schweif steif und eventuell schief getragen wird.
- die Gelenke an den Beinen fest sind; das Pferd läuft mit einem nahezu geraden Bein. Der Bewegungsablauf sieht steif und staksend aus.

Der flache Rücken

Einige Pferde neigen eher dazu, sich im Rücken zu versteifen, indem ihre Wirbelsäule absinkt. So sind weder Biegung noch Schwingung möglich. Andere Pferde wollen ihren Rücken schützen, indem sie nach vorn stürmen. Sie flüchten vor dem Reitergewicht. Werden diese Pferde kräftig mit den Zügeln zurückgehalten, rollen sie sich ein. Um weiter vorwärtslaufen zu können, stellen sie ihre Hinterbeine nach hinten heraus. Dadurch wird die Lendenwirbelsäule nach unten abgesenkt und dort blockiert. Dennoch gelingt es diesen Pferden, eilig weiterzulaufen. Sie fallen auf die Vorhand und werden flach, da sie den Abstand der Vorder- zu ihren Hinterbeinen vergrößern. Sie rennen unter dem Reiter davon, der kaum noch eine Möglichkeit zur Einwirkung hat, da sich das Pferd in dieser Position jeglichen Hilfen entziehen kann.

Der Reiter fühlt, dass ...
- das Pferd sich einrollt und die Zügelhilfen nicht annimmt.
- das Pferd eilig läuft.
- die Trittfrequenz hoch ist.
- die Tritte kurz und schnell sind.
- er nach vorn kippt.
- das Pferd sich nicht biegen lässt.
- das Pferd sich nicht aussitzen lässt.

Der Reiter/Reitlehrer sieht, dass ...
- das Pferd unkontrolliert unter ihm läuft.
- das Pferd stark schwitzt.
- im Pferdeauge ein weißer Rand sichtbar wird.
- das Pferd sehr empfindlich, nahezu panisch auf Schenkel- und Gewichtshilfen reagiert.
- das Pferd schief läuft.
- die Gelenke an den Pferdebeinen steif sind. (Das Pferd stakst.)
- die Ohren nahezu angelegt sind.
- der Schweif steif und eventuell schief getragen wird.

Ist die Muskulatur entspannt, geht das Pferd locker und taktrein. Es federt in den Gelenken, der Schweif pendelt.

Ohne gute Vorbereitung wäre ein kontrollierter, aber flotter Galopp im Gelände nicht möglich.

Geht das Pferd nicht über den Rücken, kann es weder losgelassen noch im Takt gehen. Es entzieht sich den Hilfen und das Training ist weder für das Pferd noch für den Reiter entspannend und bereichernd – es frustriert.

Um den gesamten Bewegungsapparat vor Erschütterungen und Verschleißerscheinungen durch das Reiten zu schützen, müssen wir darauf achten, dass die Muskeln geschmeidig und die Bänder und Faszien (Bindegewebe, das die Muskeln umgibt) elastisch bleiben. Denn erst wenn die volle Beweglichkeit und Dehnfähigkeit hergestellt ist, können wir mit einem Muskelaufbautraining der Reitpferdemuskulatur beginnen. Es gilt also immer: Erst Beweglichkeit, dann Muskelaufbau!

Störfaktoren **im Training**

Durch eine grobe Hilfengebung, einen unpassenden Sattel und eine falsche Trainingsplanung können ernsthafte Rückenprobleme entstehen. **Es kann jedoch lange dauern, bis das Pferd sein Unbehagen äußert.** Das Pferd ist ein Flucht- und Beutetier und daher stets bemüht, seinen Fressfeinden nicht anzuzeigen, dass es Schmerzen hat oder gesundheitlich beeinträchtigt ist. Im Umkehrschluss bedeutet dies, dass wir Reiter sehr einfühlsam sein müssen und die Signale unserer Pferde richtig deuten müssen, um Muskelprobleme erkennen zu können.

Der Reiter darf sich nicht am Zügel festhalten, sonst reagiert das Pferd mit Unbehagen und Anspannung. (Bild gestellt!)

Blockade durch falsch einwirkenden Reiter

Problem:
Dem Hals und dem Zusammenspiel zwischen Hals- und Rückenmuskel kommt eine besondere Bedeutung zu, da der Reiter über das empfindliche Pferdemaul viel Einfluss auf den gesamten Bewegungsapparat hat. Die Handeinwirkung hat somit eine immense Auswirkung auf das Training. Zieht der Reiter am Zügel oder hält er sich daran fest, blockiert er die gesamte Bewegung des Pferdes. Es reißt, sofern es nicht durch Ausbinder gehindert ist, den Kopf hoch, um sich den Schmerzen zu entziehen. Diese verkrampfte Kopf- und Halshaltung schränkt den Bewegungsfluss aus der Hinterhand ein: Dieser wird am Übergang vom Rücken zum Hals gestoppt. In der Folge verspannt sich der Rücken. Wird der Zügeldruck dann nicht gelöst, verharrt das Pferd mit dem Kopf oben. Je höher es den Kopf dabei nimmt, desto mehr senkt es den Rücken nach unten ab. Diese absolute Aufrichtung ist sehr unangenehm und mit der Zeit gesundheitsgefährdend, da das Pferd seine Vorhand stark überlastet und der gesamte

Handarbeit hat viele Vorteile: Hier ist die korrekte Handhaltung und Führposition demonstriert.

Bewegungsapparat nicht mehr korrekt arbeiten kann. Zudem macht ein in dieser Form gestresstes Pferd keine Freude beim Reiten.

Lösung:
Hat ein Pferd das Vertrauen zum Gebiss verloren, bietet es sich an, es vom Boden aus zu arbeiten. Bei der Handarbeit kann der Reiter sein Gefühl schulen, da er direkten Kontakt zum Pferdemaul hat und sehen kann, wie (stark) er einwirkt. Ebenso kann das Pferd aus seinem Verhaltensmuster befreit werden, indem es lernt, seine Muskulatur zu entspannen und abzukauen. Durch spezielle Übungen, wie dem seitlichen Abstellen des Halses in korrekter Stellung zur Herbeiführung der Dehnungshaltung, kann die verspannte Muskulatur des Pferdehalses (Unterhals) gelockert werden. Begleitend sollte jeder Reiter hin und wieder sein Gleichgewicht an der Longe schulen, um zügelunabhängig sitzen zu können.

Falsche oder unpassende Ausrüstung

Problem:
Viele Pferde leiden aufgrund eines falsch liegenden Sattels an Rückenschmerzen. Diese äußern sich im direkten Zusammenhang mit dem Sattel. Beißt das Pferd beim Satteln wütend um sich, besteht nahezu kein Zweifel mehr daran, dass sein Rücken schmerzt. Bei einigen Pferden genügt allein der Anblick des Sattels, um diese Reaktionen auszulösen. Im fortgeschrittenen Stadium entwickeln sich die Verspannungen zu schmerzhaften Verhärtungen unter der Haut, die Insektenstichen ähneln oder die Muskulatur verkümmert.

Lösung:
Um zu sehen, ob Ihr Pferd bereits Probleme hat, können Sie ihm nach jeder Trainingseinheit über den langen Rückenmuskel streichen und beobachten, ob es sich diese Berührungen gefallen lässt. Der Muskel sollte sich stets weich anfühlen. Ist das Pferd beim Streichen über den Rücken unruhig, zuckt es in der Sattellage oder drückt den Rücken weg, sind dies erste Anzeichen für Satteldruck und Muskelschmerzen. Der Sattel sollte in diesem Fall besser an das Pferd angepasst werden. Und auch, wenn der Sattel „gerade erst gekauft" worden ist oder „speziell an das Pferd angepasst" wurde, sollten sie die Anzeichen in der Rückenmuskulatur und die Reaktionen des Pferdes beim Reiten ernst nehmen. Oftmals sind unsere Pferde so gut erzogen, dass sie große Schmerzen erleiden, bevor wir Reiter diese überhaupt wahrnehmen. Achten Sie daher immer auf die Mimik und Gestik Ihres Pferdes!

Liegt ein Sattel falsch auf, drücken die Sattelkissen (in diesem Bild hinten) auf den langen Rückenmuskel.

Falsche Trainingsplanung

Auch wenn weder der Sattel drückt noch der Reiter grob auf das Pferd einwirkt, kann der gewünschte Erfolg des Muskelaufbautrainings ausbleiben. Rückenprobleme können nämlich auch entstehen, wenn wir das Pferd überfordern. Während des Trainings müssen wir stets zwei Faktoren berücksichtigen: den Umfang (Zeit) und die Intensität der Belastung. Aber machen wir das immer?

Problem:
Mit besten Absichten fahren wir noch schnell zum Stall und reiten ein paar Runden. Kaum haben wir die Halle betreten, steigen wir auf, reiten kurz Schritt, und schon traben wir los. Die Belastung steigt zu schnell und die Hauptphase des Trainings wird überstürzt erreicht. Das Pferd wird nicht fleißig, sondern eilig unter uns davonlaufen. Es entspannt sich nicht, es flieht. Hat es im schlimmsten Fall noch mehr als 20 Stunden in einer Box gestanden, ist es völlig überfordert. Fälschlicherweise wird das eilige Davonlaufen oftmals als „überschüssiger Bewegungsdrang" bezeichnet, wodurch dem sofortigen Abtraben und Galoppieren ein scheinbar berechtigter Grund vorliegt. Diesem Bewegungsdrang sollte jedoch nicht beim Reiten, sondern auf der Koppel oder durch die Haltung im Offenstall nachgekommen werden. Und auch das offenbar faule Pferd dürfen wir nicht zu Beginn des Trainings überrumpeln. Das führt ebenfalls zu Stress, wobei sich dieser Pferdetyp dann häufig in sich zurückzieht und scheinbar noch fauler wird. Wer immer unter Zeitdruck trainiert, riskiert Dauerstress beim Pferd – eine schlechte Voraussetzung für eine harmonische Zusammenarbeit.

Zeitdruck wirkt sich negativ auf das Training aus.

Lösung:
Wir Reiter müssen stets die Dauer der einzelnen Trainingsphasen (siehe Abbildung 2b) berücksichtigen. Wir dürfen vor allem die Auf- und Abwärmphasen nicht abkürzen. Ist wenig Zeit vorhanden, müssen wir die Hauptphase reduzieren. Oder wir richten einen Wellnesstag ein, putzen unser Pferd ausgiebig, gehen spazieren und machen ein paar Dehnübungen. Das fördert die Regeneration, bringt Abwechslung und macht Spaß (siehe Kapitel „Cool-down").

Folgen für das Pferd

Dauerstress führt zu einer systematischen Überlastung des Pferdes. Überfordern wir es (auch mental), sind Schmerzen im Bewegungsapparat die Folge. Das Pferd verfügt aber über mehrere Möglichkeiten, sich zu entziehen. So versucht es, seine Wirbelsäule zu blockieren, indem es den langen Rückenmuskel anspannt. Es „hält den Rücken fest" und wird sich steif anfühlen. Es dauert lange, bis es den

Ein aufmerksamer Reiter respektiert die Bedürfnisse seines Pferdes.

Rücken „hergibt" und sich losgelassen unter uns bewegt. Schlimmstenfalls wird es seinen Rücken gar nicht aufwölben. Weiß der Reiter sich nicht zu helfen, wird das Pferd oft dauerhaft in einer der beiden aufgeführten Fehlhaltungen (siehe Kapitel „Häufige Fehler") geritten, was das Problem verschlimmert. Im Lauf der Zeit entstehen chronische Spannungszustände in der Muskulatur.

Viele von uns kennen das Gefühl, auf einem Pferd zu sitzen, das sich im Rücken fest macht und die Hilfen des Reiters nicht annimmt. Aber welche Möglichkeiten haben wir, dem Pferd seine Anspannung zu nehmen? Häufig habe ich erlebt, wie es nicht geht. Manche Reiter versuchen stundenlang, ihre Pferde „durchzukneten". Sie verschwenden ihre Zeit mit intensiven und manchmal tierschutzrechtlich bedenklichen Trainingsmethoden, um ein wenig Lockerheit in ihre Pferde „hineinzureiten". Die Tiere werden auf niedrigem Niveau geritten, dabei könnten Reiter weitaus mehr mit ihnen erreichen. Aber sie schaffen es nicht einmal, die ersten Schritte der Ausbildungsskala (Takt und Losgelassenheit) sicher zu beherrschen.

Muskelverspannungen

„Ohne Blut – keine Nährstoffe, und ohne Nährstoffe – keine Funktion. Es ist wichtig, diesen Zusammenhang immer im Auge zu behalten"
(Wyche, Müller-Rüschlikon, 2003).

Die Passform des Sattels, die Einwirkung des Reiters und ein systematischer Trainingsaufbau sind dafür verantwortlich, dass die Rückenmuskeln ausreichend mit Sauerstoff und Nährstoffen versorgt werden. Wenn ein Muskel zur Dauerkontraktion gezwungen wird und sich nicht wieder entspannen darf, bleibt er dauerhaft verkürzt und verhärtet. Dabei kann es vorkommen, dass auch der motorische Nerv eingequetscht wird. Es können dann keine Impulse mehr vom Gehirn empfangen werden, das Pferd den Muskel nicht mehr gezielt bewegen. Er ist blockiert und schmerzt.

Aufgrund der fehlenden Durchblutung häufen sich chemische Abfallprodukte im Muskel an, wodurch er teilweise gelähmt wird oder völlig ausfällt.

Beim Reiten entstehen am ehesten Schmerzen und Verspannungen im Bereich des langen Rückenmuskels beidseits der Brust- und Lendenwirbelsäule und im Bereich des Trapezmuskels über den Schulterblättern.

Wenn die falschen Muskeln arbeiten

Da das Pferd seine Wirbelsäule bei einem verspannten, schmerzenden Muskel nicht aufwölben kann, braucht es Unterstützer, die helfen, das Reitergewicht abzufedern. Es aktiviert andere Muskeln. Diese sind jedoch keine Reitpferdemuskeln, sondern „Ersatzmuskeln". Sie werden zunehmend trainiert, die verspannte Muskulatur im Rücken verkümmert. Ein ausgeprägter Unterhals und eine starke Brustmuskulatur unterstützen die Vorhand beim Tragen und Abfedern des Reitergewichts, wenn der Rücken blockiert ist. Die Hinterhand kann nicht unterstützend wirken, da die Lendenwirbelsäule durch einen angespannten Rückenmuskel nicht beweglich ist. Oftmals bilden sich Verhärtungen in der Muskulatur hinter der Sattellage aus. Der Trapezmuskel degeneriert, wodurch beim Pferd ein deutlicher Axthieb (siehe Foto) erkennbar ist. Die Kruppe ist flach und das Pferd hat dünne Hinterbeine. Muskuläre Dysbalancen sind entstanden.

Mit der Zeit geraten auch die „Ersatzmuskeln" unter Stress, weil sie überfordert werden. Sie können das Reitergewicht nicht dauerhaft tragen. Es kommt zur Trageerschöpfung und die „Ersatzmuskeln" krampfen und verspannen. Das Pferd leidet unter starken Muskelschmerzen im Rücken-, Lenden-, Unterhals- und Brustbereich. Es giftet beim Satteln, Gurten und Putzen und widersetzt sich immer öfter dem Reiter, da es ihm schwerfällt, die geforderten Aufgaben zu erfüllen. Reiben mit der Zeit die Dornfortsätze aneinander, beginnt das Pferd zu lahmen: Sogenannte Kissing Spines, Verwachsungen der Dornfortsätze, entstehen. Neben diesen physiologischen Beeinträchtigungen ist das Pferd durch die Anforderungen im Training oft psychisch überfordert. Harmonisches Reiten kann unter diesen Umständen nicht stattfinden. Aber wie können wir unser Pferd vor diesen Folgen schützen?

Ein erster Schritt ist eine systematische Auf- und Abwärmphase. Damit können wir bereits grundlegende Voraussetzungen zur Gesunderhaltung und zum Wohlbefinden des Pferdes schaffen. Wir vermeiden so Stress und Überforderungen in jeder Trainingseinheit.

Bemerken Sie aber weiterhin die angesprochenen Probleme bei Ihrem Pferd, suchen Sie sich Hilfe bei einem Tierarzt, Physiotherapeuten oder Osteopathen und einem guten Trainer.

Bei einem untrainierten oder falsch gearbeiteten Pferd ist der sogenannte Axthieb zwischen Hals und Widerrist wie hier deutlich zu erkennen.

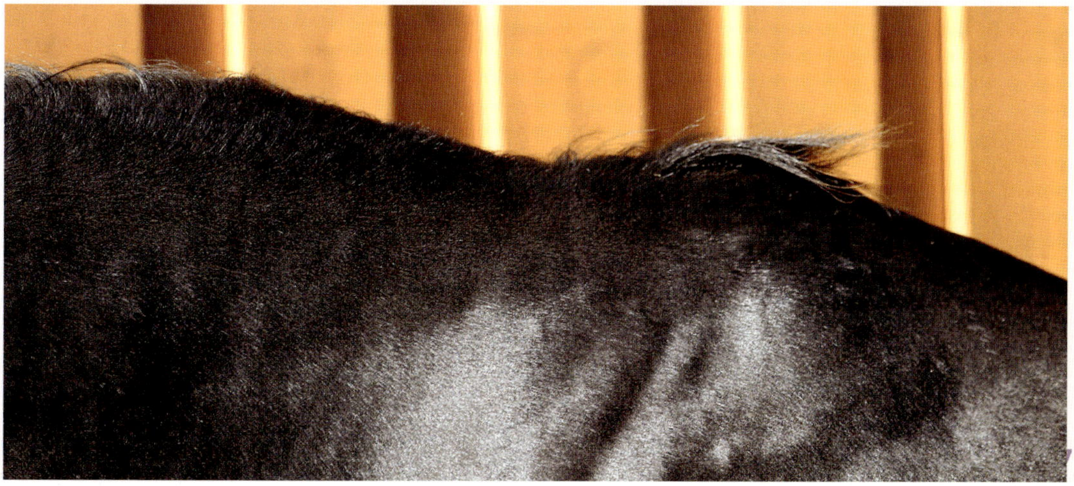

Cool-down

Genauso systematisch, wie das Warm-up das Pferd auf Leistungen einstimmt, stellt das Cool-down es auf eine Ruhephase ein. Diese Phase ist wichtig für den Organismus, da hier Prozesse ablaufen, die ihn auf die nächste Trainingseinheit vorbereiten. Wie können Reiter diese Vorgänge unterstützen? Das lernen Sie in diesem Kapitel.

Nach der Belastung muss sich das Pferd erholen.

Belastung – Anstrengung – Ermüdung – Regeneration

In der Hauptphase des Trainings setzen wir bewusst Reize, um die Muskeln des Pferdes zu fordern. Die Belastungsintensität für den Organismus ist hoch, das Pferd strengt sich an. Doch irgendwann, je nach Trainingszustand des Tieres, kann es die geforderten Aufgaben nicht mehr erfüllen. Es ermüdet. Das bedeutet, dass die Funktionsfähigkeit des Organismus infolge der starken psychophysischen Beanspruchung vermindert ist. Das Pferd verliert etwa an Kraft oder Schnelligkeit, weil die Leistungsgrenze der Muskulatur erreicht ist. Eine Ermüdung ist, wie in Tabelle 2 gezeigt wird, von verschiedenen Faktoren abhängig. Die Art und Form der Muskelarbeit sowie die Dauer und Belastungsintensität im Training führen in Abhängigkeit des Trainingszustandes des Pferdes früher oder später zur Erschöpfung.

Das Pferd kann sich aber in Ruhephasen wieder erholen. Es regeneriert. Um unser Pferd vor Überanstrengungen und Leistungsabfall zu schützen, müssen wir diese Phase stets in unserem Trainingsplan berücksichtigen.

Tabelle 2
Mögliche Ermüdungsäußerungen in Abhängigkeit von Belastung und Zustand des Pferdes.
(in Anlehnung an Michel, Muskuläre Ermüdung, Tectum Verlag 2001, S. 54)

Belastung	Ausgangszustand des Pferdes	Mögliche Ermüdungsäußerungen
· Art und Form der Muskeltätigkeit · Dauer (Zeit) · Intensität	· Trainiert/untrainiert · Alter · Gesundheitszustand · Motivation (psychische Verfassung)	· Abnahme der Kraft · Abnahme der Schnelligkeit · Mängel in der Bewegungskoordination · Verlängerte Reaktionszeit · Veränderung der Psyche

Ermüdung: Ursachen und Symptome

Ein Leistungsabfall gibt uns einen sicheren Hinweis darauf, dass unser Pferd überanstrengt ist. Körperliche wie geistige Belastungen können Auslöser für die Erschöpfung sein. Eine Ermüdung macht sich für uns Reiter auf verschiedenste Weise bemerkbar.

Ursachen und Symptome von physischer Ermüdung

Bei der physischen Ermüdung sprechen wir auch von einer körperlichen Erschöpfung. Sie ist gekennzeichnet durch eine verminderte Leistungsfähigkeit der Muskulatur. Häufig tritt der Leistungsabfall bei einer andauernden, intensiven Belastung und einem schlechten Trainingszustand auf. Der Muskel verarmt an Nährstoffen. Parallel dazu häufen sich Schadstoffe an und blockieren die Muskelfasern. Der Muskel kann sich nicht mehr genügend anspannen und dehnen, wodurch das Pferd an Kraft verliert. Seine Bewegungen sind träge und es leidet an Muskelschmerzen.

Durch ungewohnte, intensive Belastungen können auch kleine Risse im Muskelgewebe entstehen. Diese Verletzungen entzünden sich, wodurch Wasser in den Muskel eindringt. Der Muskel schwillt an und es kommt zu einem Dehnungsschmerz. Dieser ist uns als Muskelkater bekannt.

Muskelkater tritt häufig erst nach 12 bis 24 Stunden auf und kann einen bis sieben Tage anhalten. Wir können ihn beim Pferd erfühlen. Ist die sonst weiche Muskulatur schon vor dem Training verhärtet und druckempfindlich, können wir davon ausgehen, dass unser Pferd Muskelkater hat. In diesem Fall können wir Regenerationsmaßnahmen einleiten, die die Durchblutung fördern und den Muskelkater bekämpfen (siehe Kapitel „Wie gestalte ich die Cool-down-Phase, S. 65").

Ursachen und Symptome von psychischer Ermüdung

Die psychische Ermüdung geht oft einher mit einer körperlichen Erschöpfung. Sie kann aber auch unabhängig davon auftreten. Die Minderung der Leistungsfähigkeit ist hier Folge einer gestörten zentralnervösen Steuerung. Der Informationsaustausch zwischen Gehirn und Muskulatur ist gestört. Das Pferd kann sich schlechter koordinieren und stolpert beispielsweise. Hinzu kommen eine eingeschränkte Konzentrationsfähigkeit und Motivation. Ist das Pferd psychisch überfordert, weil es bereits lange Zeit aufmerksam mitgearbeitet hat, kann es die Erwartungen des Reiters nicht mehr erfüllen. Das Pferd bekommt das Gefühl, dass die Arbeit zu anstrengend wird, und widersetzt sich. Wenn wir unserem Pferd zum Beispiel eine neue Lektion beibringen, wie das Angaloppieren aus dem Schritt oder den fliegenden Galoppwechsel, so kann es sein, dass unser Pferd muskulär noch nicht überanstrengt ist, jedoch psychisch bereits nach ein paar Wiederholungen an seine Grenzen stößt, da es sich bei der Bewegungsausführung stark konzentrieren muss. Diesen Aspekt müssen wir im Training stets berücksichtigen. Wir dürfen unser Pferd niemals strafen, weil es die Lektion nach einiger Zeit nicht korrekt ausführt. Die

Wir dürfen unser Pferd niemals strafen, wenn es nicht auf unsere Hilfe reagiert. Es könnte ermüdet sein.

Konzentrationsfähigkeit ist dann bereits gemindert und die Reaktionszeit, um auf unsere Hilfe angemessen reagieren zu können,verlängert. Bei starker Ermüdung ist das Ausführen der Bewegungen sogar komplett eingeschränkt und das Pferd kann nicht korrekt auf unsere Galopphilfe anspringen. Schlimmstenfalls reagiert es gar nicht mehr darauf unsere Hilfe.

Individuelle Zeichen

In der Praxis äußern sich Ermüdungssymptome jedoch individuell verschieden. Jedes Pferd reagiert anders bei körperlicher oder geistiger Erschöpfung. In einem Internetforum bin ich auf interessante Berichte gestoßen, in denen Reiterinnen erläutern, wie sich ihre Pferde bei Ermüdung verhalten. Eine Reiterin berichtet von ihrem Haflinger, der bei beginnender Erschöpfung aufhört zu „ziehen". Er sei dann triebig, obwohl er das im Gelände eigentlich nicht ist. Eine andere Reiterin berichtet, dass ihr Pferd bei Erschöpfung „quengelig" wird. Es sei unrittiger und werde zum Teil sogar schneller, falle auseinander und werde schief. Später fange es an, immer mal mit einem Hinterbein wegzurutschen oder sich zu streifen. Auch das Pferd einer anderen Reiterin laufe und laufe – sogar, wenn es starke Schmerzen habe, würde das Tier noch weiterlaufen und immer vorn dabei sein wollen. Das mache es ihr sehr schwer, frühzeitig erkennen zu können, wann das Pferd nicht mehr könne. Nur wenn sie allein unterwegs sei, beginne es vor den belanglosesten Dingen zu scheuen. Dann wolle es heim und sei vom Kopf her müde. Die Vielzahl an Berichten zeigt, wie unterschiedlich Pferde auf Ermüdungserscheinungen reagieren können. Wir Reiter sind somit aufgefordert, unser Pferd täglich zu beobachten. Es liegt an uns, seine Signale richtig zu deuten. Die oben beschriebenen Aufführungen geben einen groben Überblick über Möglichkeiten, welche Symptome ein Pferd äußern kann.

Regeneration

Mit jedem Trainingsreiz provozieren wir eine Ermüdung psychophysischer Prozesse im Körper. Dies ist wichtig und entscheidend, damit die Leistungsfähigkeit gesteigert wird. Nur wenn wir einen Muskel beanspruchen, kann er sich anpassen und wachsen. Ein Muskel, der nicht gebraucht wird, verkümmert. Dieses Prinzip gilt für alle Organe und bindegewebsartigen Strukturen im Pferdekörper. Das Pferd muss sich also bewegen, damit sein Körper kräftiger wird. Dieses Phänomen ist uns schon aus der Fohlenaufzucht bekannt. Nur ein Fohlen, das auf der Wiese toben und rennen kann, bildet seine Lungen aus, kräftigt seine Knochen, Bänder und Sehnen, baut Muskeln auf und stärkt das Herz.

Wie genau das Pferd Anstrengungen verkraftet und sich davon erholt, beschreibt das sogenannte Superkompensationsprinzip. Es gibt uns einen Überblick über Abläufe und Wiederherstellungsprozesse des Körpers und bestimmt die Regenerationszeit des Pferdes.

Abbildung 4 zeigt das Superkompensationsprinzip. Mit Beginn des Trainings fängt das Pferd an zu ermüden. Je länger die Belastung anhält, desto mehr sinkt die Leistungsfähigkeit bis hin zur vollkommenen Erschöpfung. In dem Moment jedoch, wenn die Belastung nachlässt, beginnt die Regeneration. Prozesse werden aktiviert, die dem Pferd dabei helfen, die Leistungsfähigkeit wiederherzustellen. Geben wir dem Pferd genügend Zeit zum Regenerieren, kann der Organismus sogar über das Ausgangsniveau hinauswachsen (= Superkompensation). Die Muskulatur beispielsweise passt sich an, damit das Pferd eine gleiche Beanspruchung besser verkraftet. Es entsteht ein Leistungszuwachs, da der Organismus in der nächsten Trainingseinheit weniger schnell ermüdet.

Abbildung 4: Das Superkompensationsprinzip.

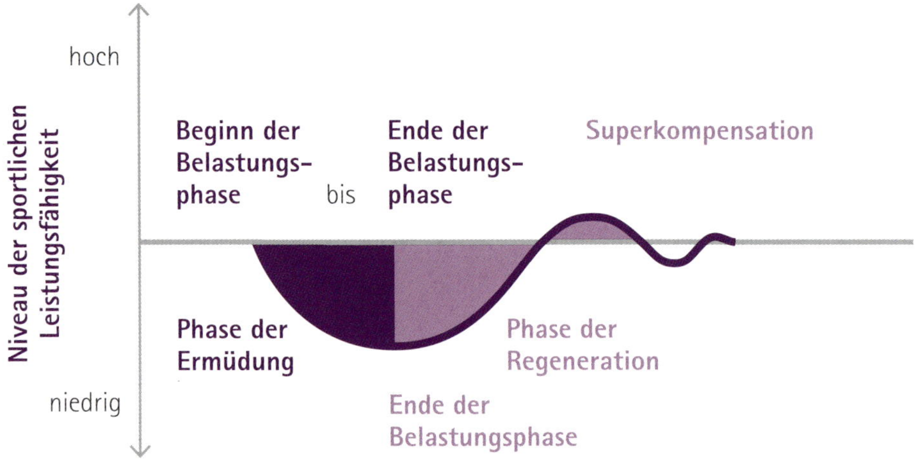

Während sich bestimmte Organsysteme in der Regenerationsphase an die Belastung anpassen (siehe Tabelle auf S. 59), ist der Stoffwechsel besonders aktiv. Energiespeicher werden aufgefüllt, Milchsäure (Laktat) und andere Schadstoffe abgebaut. Eine gute Durchblutung und Versorgung der Organsysteme unterstützen diesen Vorgang: Sie garantieren, dass alle Gewebsschichten des Körpers optimal mit Stoffen versorgt sind, die zum Anpassen der Organsysteme an die Belastung nötig sind. Abfallstoffe wie Laktat werden direkt nach der Belastung aus der Muskulatur gepumpt, wodurch der Körper von Stoffen befreit ist, die beim Wiederaufbau der Leistungsfähigkeit hinderlich wären.

Zusammengefasst sind in der Erholungsphase folgende Prozesse aktiv:

- Füllen der Nährstoffspeicher
- Zellaufbau und -erneuerung (im Muskelgewebe beispielsweise)
- Anpassung des neuronalen Systems und damit Optimierung von Bewegungsabläufen
- Anpassung des Herz-Kreislauf-Systems an Belastung

Diese Stute muss Muskulatur ausbilden, damit der Rücken nicht unterm Reitergewicht absinkt.

Was tun bei Muskelkater und Leistungsabfall?

Es scheint doch manchmal wie verhext zu sein. Wir reiten Tag für Tag, und dann fahren wir für ein verlängertes Wochenende in den Urlaub. In dieser Zeit gönnen wir unserem Pferd auch ein paar Tage Freizeit auf der Koppel. Und wenn wir wieder da sind und reiten, stellen wir mit Erstaunen fest, dass das Training viel besser läuft als sonst. Übungen, die unserem Pferd vor dem Urlaub noch schwergefallen sind, funktionieren auf einmal. Wie kann das sein?

Ganz einfach: Das Pferd hat mehrere Tage Zeit gehabt zu regenerieren. So konnte es seine Nährstoffspeicher auffüllen und Muskulatur aufbauen.

Pausen und Auszeiten sind sehr wichtige Elemente eines guten Trainings. Innerhalb unterschiedlicher Zeiten laufen Regenerationsvorgänge ab, die teilweise erst nach mehreren Tagen abgeschlossen sind. Wenn wir uns den Verlauf der sportlichen Leistungsfähigkeit aus Abbildung 2a, S. 14 und 2b, S.15 vor Augen führen, können wir sehen, dass der Organismus eine viel längere Zeit zum Regenerieren und Kompensieren benötigt, als die eigentliche Belastungsphase angedauert hat.

Bereits nach drei bis fünf Minuten hat sich der Energiespeicher in der einzelnen Muskelzelle wieder aufgefüllt. Dieser genügt, um die Muskelzelle erneut kontrahieren zu lassen. Um jedoch über einen längeren Zeitraum Leistung zu

Die Gestik und Mimik des Pferdes verraten uns, wie sehr es sich angestrengt hat.

erbringen, benötigt das Pferd Energie in Form von Glykogen (Kohlenhydraten) und Fett. Diese müssen mit dem Futter aufgenommen und im Körper gespeichert werden. Die Fettreserven sind nahezu unbegrenzt vorhanden, jedoch kann das Pferd das eingelagerte Glykogen während des Trainings aufbrauchen. Bis der Glykogenspeicher wieder gefüllt ist, vergehen mindestens 24 Stunden. Bei fachgerechter Fütterung und leichter Bewegung ist der Glykogenspeicher nach zwei bis drei Tagen superkompensiert – es ist also mehr Glykogen vorhanden als vor der letzten Belastung. Außerdem muss das Pferd Mineralien (Elektrolyte) zu sich nehmen, die es im Training ausgeschwitzt hat. Natrium und Kalium sind bereits nach wenigen Stunden wieder vorrätig, Magnesium und Eisen erst später. Auch im Elektrolythaushalt findet eine Superkompensation erst nach Tagen statt. In der Muskulatur dauert es ähnlich lange. Es überrascht daher nicht, dass unser Pferd nach einer mehrtägigen Pause bessere Leistungen erbringen kann.

Wie müde ist mein Pferd?

Leider kann es uns nach einer Trainingseinheit nicht sagen, wie sich seine Muskulatur anfühlt und ob sein Glykogenspeicher aufgebraucht ist. Woher können wir also wissen, wie viel Zeit unser Pferd zum Regenerieren benötigt? Es hilft nur eins: Wir müssen es gut kennenlernen und täglich beobachten. Fühlt sich die Muskulatur des Pferdes bereits vor dem Reiten fest an? Ist es bereits in der Aufwärmphase kurzatmig? Hat es nach dem Reiten einen apathischen Gesichtsausdruck? Dann war die letzte Einheit wohl sehr anstrengend und es braucht es eine längere Regenerationsphase und keinen neuen Trainingsreiz.

Wenn wir lernen, das Verhalten unseres Pferdes richtig zu deuten, können wir einschätzen, wie sehr es sich im Training angestrengt hat. Denn die Pausenzeit hängt von der Intensität des Trainings und dem Trainingszustand unseres Pferdes ab. Wir können davon ausgehen, dass unser Pferd nach einem Wettkampf mehr Zeit benötigt, um seine Kraftstoffreserven aufzufüllen. Je nach Anforderung hat es sich wahrscheinlich stark verausgabt und leidet die nächsten Tage an Muskelkater. So kann es auch einem Jungpferd gehen, das zum ersten Mal geritten wird. Sein Körper benötigt noch mehr Zeit, um sich an die Belastungen anzupassen, als ein vergleichsweise besser trainiertes Pferd.

Aber keine Sorge: Grundsätzlich können wir davon ausgehen, dass wir unser Pferd im täglichen Training nicht überfordern. Wenn wir es langsam aufwärmen und in der Hauptphase aktive Pausen einlegen, können wir die Grundlage schaffen, dass sich unser Pferd nicht bis zum Äußersten seiner Leistungsfähigkeit verausgabt. Die Regenerationszeit fällt entsprechend kürzer aus als etwa nach einem Wettkampf. Wir beenden das tägliche Training mit ein paar Runden im Leichttraben am langen Zügel. Das Pferd darf sich hierbei nach vorwärts-abwärts dehnen und entspannen. Es folgt eine Schrittphase, und schon ist das Pferd scheinbar abgewärmt. Aber: Genügt das schon, um die wichtigen Regenerationsprozesse in Gang zu setzen?

Der biologische Komplex Belastung – Erholung ist immer vom Individuum abhängig. Nur unsere persönlichen Beobachtungen erlauben uns eine relativ zuverlässige Aussage darüber, ob die Regenerationsphase ausreichend lang ist.

Wie gestalte ich die Cool-down-Phase?

Wir können unser Pferd bei der Regeneration unterstützen. Ziel dabei ist es, die Durchblutung anzuregen, um wichtige Stoffwechselvorgänge zu beschleunigen. Hiermit beugen wir einer Überlastung im regelmäßigen Training vor. Am wichtigsten sind dabei aktive Methoden am Ende der Reitstunde und innerhalb des gesamten Trainingsverlaufs. Um ihren Stellenwert zu unterstreichen, werden sie in diesem Buch als **primäre Regenerationsmaßnahmen** bezeichnet. Sie sind für den Regenerationsprozess unabdingbar und können durch **sekundäre Regenerationsmaßnahmen** unterstützt werden. Ein effektives tägliches Training, das der Gesunderhaltung des Pferdes dient, muss aber stets die aktiven Formen des Cool-downs berücksichtigen (siehe Abbildung 2b). Planen Sie sie in Ihrer Zeiteinteilung mit ein.

Primäre Regenerationsmaßnahmen

Auslaufen

Das Leichttraben und Schrittreiten am langen Zügel ist eine aktive Form der Regenerationsmaßnahmen. Das Pferd bewegt sich hierbei im niedrigen Belastungsbereich (aerober Bereich = Wohlfühltempo). Dadurch bleibt der Stoffwechsel aktiv. Durch das Strecken bewirkt das Pferd, dass sich angespannte Muskelpartien entspannen. Die Muskulatur dehnt sich und kann gut durchblutet werden. Das ist wichtig, da sich in der Hauptbelastungsphase Abfallstoffe in der Muskelzelle angesammelt haben. Diese können jetzt abtransportiert und verstoffwechselt werden. Wir müssen jedoch darauf achten, dass das Pferd sich in dieser Phase nicht anstrengt, da ansonsten erneut Abfallstoffe produziert werden. Wenn unser Pferd sich in einem ruhigen Tempo vorwärtsbewegt, ist das Traben aber sogar effektiver als Schrittreiten. Im Trab findet ein erhöhter Muskelstoffwechsel statt und das Laktat kann bei der aeroben Oxidation direkt verstoffwechselt werden. In einer Untersuchung von 1988 konnten Mediziner aufzeigen, dass deutlich weniger Laktat im Blut vorhanden ist, wenn das Pferd mindestens zehn Minuten abgetrabt wird. Im Schritt dauert es doppelt so lange, bis der Laktatanteil im Blut gesunken ist, und wenn das Pferd steht, dauert es bis zu 120 Minuten. Dieses Ergebnis zeigt uns, wie wichtig eine ausgedehnte Cool-down-Phase ist, um Laktat zu eliminieren. Oft denken wir, dass unser Pferd sich in der Arbeitsphase so sehr angestrengt hat, dass es jetzt bestimmt angenehmer für das Pferd sei, wenn wir direkt mit dem Reiten aufhören. Das Gegenteil ist jedoch der Fall: Je intensiver die Belastung in der Hauptphase war, desto länger müssen wir unser Pferd nachher abtraben lassen.

Dehnen

Bei starker Anstrengung und Überforderung verspannen oder verkrampfen Muskeln sehr schnell. Bleiben sie verkürzt, verhärten sie und blockieren weitere Muskelgruppen. Wenn wir von Dehnen sprechen, meinen wir zumeist die vorwärts-abwärts gerichtete Hals- und Körperhaltung des Pferdes, um den langen Rückenmuskel zu entspannen. Das Pferd streckt sich und lockert seine Oberlinie. In dieser Haltung reiten wir unser Pferd in den Pausen, zu Beginn und zum Ende des Trainings.

Je intensiver die Belastung in der Hauptphase war, desto länger muss das Pferd nachher abtraben.

Bei der Streckung des vorderen Beins in Richtung des gleichseitigen Fesselkopfs des Hinterbeins dehnt das Pferd seine Unterhals- und vordere Schultermuskulatur.

Das löst Spannungen in seiner Muskulatur und begünstigt die Blutzirkulation im Gewebe. Wir beabsichtigen damit eine erhöhte Elastizität in der Muskulatur der oberen Körperregionen, die mit dem langen Rückenmuskel verbunden sind (Schulter, Oberschenkel, Becken) und im Rücken selbst.

Es gibt noch weitere Formen des Dehnens, um Verspannungen aufzulösen und die Durchblutung im Muskelgewebe zu fördern. Wir können beispielsweise auch bei einem stehenden Pferd nacheinander die Beine hochnehmen und jeweils sanft nach vorn und hinten führen. Hiermit bewirken wir einen Zug in der betroffenen Muskelgruppe, die entweder für die Vor- oder Rückführung des Beins zuständig ist. Darüber hinaus können wir den Rücken des Pferdes mobilisieren, indem wir ihn mithilfe bestimmter Reflexpunkte aufwölben.

Die Art des Dehnens, bei der wir die Gliedmaßen des Pferdes bewegen, wird als passive Form der Muskelbewegung bezeichnet. Der Muskel muss dabei für mindestens zwölf Sekunden in der gestreckten Position gehalten werden, um die gewünschten Effekte im Gewebe zu erzielen. Besser sind 30 Sekunden. Das erfordert allerdings Durchhaltevermögen aufseiten des Reiters, denn ein Pferdebein ist mitunter sehr schwer. Achten Sie daher immer auf ein rückenschonendes Anheben der Gliedmaße, um sich selbst vor Rückenverletzungen zu schützen. Beim passiven oder auch statischen Dehnen führen wir das Bein ganz langsam in die gewünschte Position und halten es dann 10 bis 30 Sekunden lang fest. Das statische Dehnen hilft uns, die Beweglichkeit zu verbessern und die Muskulatur in ihre Ruhespannung zurückzuführen. Passen Sie den Bewegungsausschlag dabei immer an das Pferd an und achten Sie auf seine Reaktionen. Halten Sie das Bein nicht unnötig fest, wenn Ihr Pferd die Dehnung nicht mehr halten kann und das Bein zurückzieht. Führen Sie auch immer vorsichtig in die Dehnungshaltung ein und gehen langsam wieder zurück. Lassen Sie niemals das gedehnte Bein zu Boden fallen!

Dehnung der Vordergliedmaße nach vorn

Bei dieser Übung werden diejenigen Muskeln gedehnt, die das Vorderbein aktiv zurückführen (hintere Schultermuskulatur, breiter Rückenmuskel). Sind diese geschmeidig, kann das Pferd erhabener nach vorn treten.

Nehmen Sie das Vorderbein auf, als wollten Sie die Hufe auskratzen. Gehen Sie dann in dieser Position langsam rückwärts in Richtung Pferdekopf. Halten Sie dabei das Bein am Fesselgelenk fest und strecken es nach vorn, indem Sie den Huf des Pferdes langsam von hinten nach unten und dann nach vorn-oben bringen. Verbleiben Sie dabei in der Achse des Beins. Ziehen Sie es nicht nach außen. Das wirkt sich negativ auf die Gelenke, insbesondere das Schultergelenk aus und kann zu Schmerzen führen.

Bemerken Sie einen leichten Widerstand, wenn Sie den Huf nach vorn-oben bringen, stoppen Sie die Bewegung und verbleiben in dieser Haltung für zehn bis 30 Sekunden. Dann führen Sie die Dehnung mit dem anderen Vorderbein durch.

Die Pferdebeine dürfen maximal so weit angehoben werden, dass sich das zu dehnende Bein auf nahezu horizontaler Ebene befindet, wobei noch eine leichte Beugung im Karpalgelenk vorhanden ist. Wenn Ihr Pferd sogar höher kommt, darf es nicht in diese Richtung gedehnt werden, da es hypergelenkig ist und weitere Dehnungen das Bein instabil machen würden.

Dehnung der Vordergliedmaße nach hinten

Bei dieser Übung werden die Gegenspieler gedehnt, also diejenigen Muskeln, die das Bein nach vorn führen. Hierzu gehört auch der Arm-Kopf-Muskel, der uns Reitern häufig als „Unterhals" bekannt ist.

Nehmen Sie das Bein wieder auf, als wollten Sie die Hufe auskratzen. Halten Sie es in dieser Position fest, während Sie sich langsam umdrehen und dann parallel zum Pferd stehen. Sie schauen in dieselbe Richtung wie Ihr Pferd. Das aufgenommene Pferdebein sollte locker in Ihren Händen hängen. Legen Sie nun eine Hand oberhalb des Karpalgelenks um das Bein des Pferdes. Ziehen Sie nur mit dieser Hand sanft nach hinten-unten, bis Sie einen Widerstand spüren. Verbleiben Sie in dieser Position.

Dehnung der Hintergliedmaße nach vorn

Nehmen Sie das Hinterbein auf und legen Ihre Hände um das Fesselgelenk. Gehen Sie leicht in die Knie und gehen Sie langsam rückwärts. Dabei ziehen Sie das Bein kurz über dem Boden in Richtung Vorderbein. Jetzt stehen Sie langsam auf und führen das Bein zum Pferdebauch. Halten Sie dort die Spannung für zehn bis 30 Sekunden. Ihr Ziel ist es, dass das Pferd seinen Bauch mit dem Huf berühren kann.

Dehnung der Hintergliedmaße nach hinten

Bei dieser Übung dehnen Sie die Lendenmuskulatur Ihres Pferdes. Ist diese verkürzt, kann dies ein Grund für einen Beckenschiefstand sein. Die Dehnung ist jedoch sehr einfach und kann täglich durchgeführt werden.

Nehmen Sie hierzu das Hinterbein auf, als wollten Sie die Hufe auskratzen. Ziehen Sie es leicht nach hinten und legen Sie das Bein sanft auf Ihren gebeugten Oberschenkel ab. Drücken Sie nun von oben senkrecht auf die Ferse (Sprunggelenk) hinab und halten Sie diese Spannung für mehrere Sekunden. Ziehen Sie bei dieser Übung das Bein nicht wie ein Schmied nach hinten-oben hinaus, denn dann kippt das Pferd im Becken ab und der gewünschte Dehneffekt geht verloren. Ziehen Sie es nur bis kurz hinter den Schweif heraus und leiten Sie dann die Bewegung nach hinten-unten weiter.

Es würde den Rahmen dieses Buches leider sprengen, wenn ich eine genaue Beschreibung jeder möglichen Dehnübung einfügen würde. Eine korrekte Ausführung ist allerdings wichtig und schützt das Pferd vor Verletzungen. Fragen Sie daher Ihren Tierarzt oder Pferdephysiotherapeuten, ob er Ihnen mögliche Übungen erläutern und zeigen kann. Helle Katrine Kleven beschreibt die einzelnen Übungen in ihrem Buch „Biomechanik und Physiotherapie für Pferde" (2009, FN-Verlag) auch sehr ausführlich und anschaulich. Wer sein Pferd regelmäßig dehnen möchte, findet in diesem Buch hilfreiche Anleitungen und Tipps.

Das Pferd dehnt seine Kruppen- und Sitzbeinmuskulatur, wenn Sie das Hinterbein langsam zum gleichseitigen Fesselkopf des Vorderbeins führen.

Eine passive als auch aktive Dehnung beabsichtigt jeweils eine Verlängerung des Weichteilgewebes im Bewegungsapparat.

Das hat folgende Auswirkungen:
- Verbesserung der Durchblutung im Gewebe
- Erweiterung der Schrittlänge
- Steigerung des Vorwärtsschubs aus der Hinterhand
- Verbesserung des Gleichgewichts während der Bewegung und beim Sprung, da das Pferd vermehrt unter den Schwerpunkt treten kann
- Schonung der Vordergliedmaße und Fesselgelenke (vorn und hinten)
- Taktreinheit

Diese positiven Effekte stellen sich idealerweise durch regelmäßiges Dehnen ein. Experten sind sich übrigens uneins, ob wir unser Pferd vor, während oder nach dem Reiten dehnen sollen. Vor dem Reiten ist das Pferd noch „kalt". Um es jetzt nicht zu verletzen, müssen wir sehr vorsichtig sein. Idealerweise wärmen wir es also erst ein wenig auf. Wenn wir das Pferd hingegen systematisch aufgewärmt haben, lösen wir hiermit bereits Verspannungen und verbessern den Bewegungsablauf. Wir können unser Pferd dann natürlich auch noch vom Boden aus dehnen. Um jedoch Regenerationsprozesse zu aktivieren, ist für uns ein Dehnprogramm nach dem Reiten am nützlichsten. Hier können wir den Spannungszustand in der Muskulatur auflösen, womit die Durchblutung steigt und Regenerationsprozesse starten. **Wenn unser Pferd sich jedoch stark angestrengt hat und bereits kleine Risse in der Muskulatur vorhanden sind, ist das Dehnen zum Abschluss des Trainings kontraproduktiv**, da wir die Verletzung unter Umständen noch verschlimmern. Können wir allerdings davon ausgehen, dass sich unser Pferd nicht übermäßig oder ungewohnt stark angestrengt hat, ist das Dehnen am Ende einer Trainingseinheit zur Verbesserung der Regenerationsprozesse sehr dienlich. Sie sollten die Dehnübungen nach dem Reiten aber innerhalb von 30 Minuten durchführen, da ansonsten die Muskeln schon wieder abgekühlt sind und der gewünschte Effekt ausbleibt.

Vermutlich haben Sie nicht immer genügend Zeit, um das Pferd ausgiebig zu dehnen. Dennoch sollten Sie ein Dehnprogramm in Ihren Trainingsplan mitaufnehmen, da es eine große Unterstützung im Trainings- und Ausbildungsprozess ist und zum Wohlbefinden ihres Pferdes beiträgt. Als Alternative zum täglichen Dehnen bietet sich eine Trainingsform an, die Regenerationsprozesse unterstützt und zudem verhindert, dass mit der Zeit Muskelverkürzungen auftreten: das Rekompensationstraining.

Rekompensationstraining

Um die Reitpferdemuskulatur geschmeidig zu halten und unser Pferd in der Regenerationsphase zu unterstützen, können wir an zwei bis drei Tagen in der Woche eine aktive Pause machen. Hierbei longieren wir das Pferd im Wohlfühltempo. Nachdem es sich mindestens zehn Minuten warm gelaufen hat, holen wir es zu uns und führen ein paar Übungen zur Mobilisation der Wirbelsäule und Dehnung der Vor- und Hintergliedmaße durch. Dann lassen wir es wieder einige Minuten joggen oder galoppieren. Wir dehnen es ein weiteres Mal und lassen es wieder laufen. Diesen Vorgang können wir beliebig oft wiederholen. Auf diese Weise sorgen wir für eine tiefe Durchblutung aller Gewebsschichten. Das Blut schwemmt Nährstoffe herbei, die zum Einlagern und Auffüllen der Glykogenspeicher benötigt werden. Zudem gelangen Enzyme und Eiweißbausteine in die Muskulatur, um Zellen zu erneuern. Laktat und andere Abfallprodukte werden abtransportiert. Regenerationsprozesse laufen auf Hochtouren ab, während sich die Muskulatur lockert und die Geschmeidigkeit des Ganges nachhaltig verbessert wird.

Aktive Bewegungsformen sind enorm wichtig, damit sich der Körper von Belastungen erholen kann. Auch wenn unser Pferd sich beispielsweise nach einem Turnier oder Wanderritt einen Tag Auszeit verdient hat, sollte es niemals nur im Stehen ruhen. Stoffwechselvorgänge sind bei Ruhe verlangsamt, wodurch die Regenerationszeiten erhöht sind. Vor diesem Hintergrund sollte das Pferd die Möglichkeit bekommen, sich moderat, das heißt im niedrigen Belastungsbereich, bewegen zu können. Natürlich gönnen wir unserem Pferd regelmäßig einen reiterfreien Tag, jedoch sollte das Pferd dann nicht mit bester Absicht den ganzen Tag in einer Box stehen. Stehtage müssen wir vermeiden! Mit Spaziergängen, leichter Longenarbeit, Bodenarbeit und Dehnübungen bringen wir Abwechslung in den Alltag und unterstützen wichtige Cool-down-Prozesse. Auch diese Einheiten gehören also auf den Trainingsplan (siehe Kapitel „Trainingsplan", S. 75).

Sekundäre Regenerationsmaßnahmen

Über äußere Anwendungen können wir zusätzlich den Stoffwechsel des Pferdes anregen. Es gibt Wärme- und Kälteanwendungen, Massagen sowie physikalische Therapieformen wie die Elektro- oder Magnetfeldtherapie. Viele dieser Maßnahmen sind Ihnen sicherlich bekannt. Insbesondere das Abspritzen nach dem Reiten ist ein beliebtes Mittel, um für eine Erfrischung nach dem Training zu sorgen. Wie können wir hierbei aber die Leistungsfähigkeit wiederherstellen?

Beim Abspritzen können Sie die Durchblutung in der Muskulatur anregen. Beginnen Sie an den Beinen.

Wir regen damit die erhöhte Durchblutung der Muskulatur an beziehungsweise erhalten diese nach dem Reiten länger aufrecht. Durch den Kältereiz kühlen die Muskeln zunächst aus und die Blutgefäße schließen sich. Der Körper möchte aber eine konstante Körpertemperatur halten und befördert kurzerhand große Mengen Blut in das Gewebe, um es wieder aufzuwärmen. Die Versorgung des Muskels mit Blut ist also nachhaltig verbessert. Mit Wechselduschen können wir diesen Effekt noch verstärken, da sich die Blutgefäße bei Wärme zunehmend weiten und noch mehr Blut in den Muskel gelangen kann.

Wärme tut gut

Solarien fördern ebenfalls die Durchblutung im Gewebe. Durch die Wärme können tief liegende Verspannungen im Rücken gelöst werden. Feuchte Wärme dringt noch tiefer in den Körper ein als trockene. Das erreichen wir, indem wir das Pferd vorher warm abduschen und dann zum Trocknen unter das Solarium stellen. Moorpackungen, die auf dem Rücken des Pferdes liegen und von oben mit einer Wärmequelle aufgewärmt werden, haben eine ähnliche Wirkung. Das Moor gibt zudem Mineralien über die Haut ab, die sehr tief in das Gewebe eindringen und ebenfalls die Durchblutung steigern. Es gibt aber noch weitere Hilfsmittel, die Wärme gut speichern. Sie können zum Beispiel ein Kirschkernkissen erwärmen und auf den Rücken des Pferdes legen. Zwischen das Kissen und den Rücken legen Sie ein nasses Handtuch, und schon haben Sie den gewünschten Effekt von feuchter Wärme. Magnetfeld- und Elektrotherapien wirken auf zellulärer Ebene und beschleunigen den Zellstoffwechsel. Auf diese Ebene können wir ohne entsprechende Geräte nicht einwirken.

Massagen entspannen

Vielleicht kennen Sie das wohltuende Gefühl einer Massage nach dem Sport. Sie verbessert die Durchblutung und entspannt die angeschlagene Muskulatur. Danach steht man auf und hat den Eindruck, sich besser bewegen zu können. Beim Pferd können wir dasselbe erreichen. Die Wirkungsebene von Massagen sind erstaunlich vielfältig. Sie dienen therapeutischen Zwecken. Zudem haben sie großen Einfluss auf das vegetative, nicht mit dem Willen beeinflussbare, Nervensystem und führen zu einer tiefen Entspannung. Wenn wir unser Pferd massieren, steigern wir also nicht nur den Ablauf von Regenerationsprozessen, sondern auch sein Wohlbefinden.

Bei einer Massage können Sie eigentlich nichts falsch machen, vorausgesetzt Sie achten auf die Reaktionen des Pferdes. Verhält es sich unruhig und unkonzentriert, beenden Sie die Massage wieder. Grundsätzlich genießen Pferde aber die Berührungen, das Streichen, Kneten und Abgeriebenwerden. Wie stark Sie bei der Massage jeweils drücken dürfen, hängt auch von den Reaktionen Ihres Pferdes ab. Versuchen Sie immer, den Druck so stark wie nötig, aber so schwach wie möglich zu dosieren. Achten Sie dabei auf Ihre Finger. Das Massieren von Pferden ist für Ihre Hände höchstwahrscheinlich eine ungewohnte Belastung. Ihre Finger können sehr schnell überanstrengt sein und schmerzen.

Wie eine Wohlfühlmassage ablaufen kann

Streichen Sie Ihr Pferd zunächst einmal mit beiden Händen am ganzen Körper ab, und zwar mit und gegen die Fellrichtung. Ihr Pferd wird Sie jetzt vielleicht verdutzt angucken und sich fragen, was Sie nun vorhaben. Es wird sich aber langsam an Ihre Berührungen gewöhnen. Mit der Zeit merkt es, dass Sie es einfach nur berühren wollen und nichts von ihm fordern. Das Pferd beginnt bald, die die Massage zu genießen, indem es tief einatmet und die Anspannung verliert.

Wie viel Druck ist gut?

Gehen Sie jetzt zu einer Stelle des Pferdes, die Sie gern massieren möchten. Sie können beispielsweise an der Hinterhand beginnen. Führen Sie mit Ihren Handballen langsame Kreisbewegungen auf der dicken Kruppenmuskulatur durch. Achten Sie auf die Reaktionen Ihres Pferdes. Richtet es seine Ohren zu Ihnen? Zuckt seine Lippe? Reagiert es vielleicht noch gar nicht? Machen Sie einfach weiter. Werden Sie nun großflächiger. Versuchen Sie, mit den Handballen die Haut des Pferdes vor- und zurückzuschieben. Wenn es diese Bewegungen zulässt, können Sie dasselbe mit den Fingerspitzen machen.

Je entspannter das Pferd ist, desto weicher fühlt sich seine Muskulatur an. Massieren Sie nun die hinteren Muskeln der Hinterhand, indem Sie die Muskelstränge mit Daumen und Fingern umgreifen. Ziehen beziehungsweise kneten Sie die Muskulatur zwischen Ihren Daumen und Fingerspitzen durch. Genügt der Druck bereits? Lässt Ihr Pferd entspannt den Kopf sinken? Hat es einen verträumten Blick? Nein? Dann erhöhen Sie den Druck vorsichtig. Aber bleiben Sie stets ruhig. Schnelle, hektische Bewegungen können anregend sein und fördern die Durchblutung. Aber sie sollten nur kurzzeitig angewandt werden. Soll sich das Pferd entspannen, sind sie kontraproduktiv.

Vorsichtig steigern

An der Hinterhand lässt das Pferd häufig stärkeren Druck zu als am Hals oder am Rücken. Beginnen Sie mit der Massage am Hals, so massieren Sie zunächst den Oberhals und Mähnenkamm. Beginnen Sie auch hier mit den Handballen, bevor Sie mit den Fingerspitzen arbeiten. Im Genick und am Unterhals sind viele Pferde sehr empfindlich. Mindern Sie dort die Druckstärke. Den Arm-Kopf-Muskel (Unterhals) können Sie vorsichtig mit den Fingern umgreifen und halten. Zieht Ihr Pferd abrupt den Kopf hoch und weicht nach hinten aus, haben Sie eine schmerzhafte Stelle gedrückt. Lassen Sie sofort los und versuchen es mit wenig Druck noch mal. Mit Ihren Fingern können Sie auch hinter das Schulterblatt greifen. Nehmen Sie dazu den Kopf des Pferdes zu sich und drücken Sie Ihre Finger in die Hautfalte vor dem Schulterblatt. Diese Übung ist für den Masseur sehr anstrengend, aber viele Pferde genießen sie sehr. Vergessen Sie auch nicht, die Brustmuskulatur zu massieren. Umgreifen Sie von der Seite ein Vorderbein und kneten Sie die Brustmuskulatur. Ziehen Sie Ihre Fingerspitzen tief durch das lockere Muskelgewebe. Dasselbe können Sie mit den Adduktoren („Hosen") an den Hinterbeinen machen.

Um Ihr Pferd zu entspannen, müssen Sie nicht alle Muskeln massieren. Massieren Sie heute den Hals- und Brustbereich und ein anderes Mal die Hinterhand. Beginnen Sie immer an den großen Muskeln, wie Kruppe oder Oberhals. Wenn Sie direkt in verspanntes Gewebe greifen, produzieren Sie Schmerzen und das Pferd wird sich nicht entspannen.

Wollen Sie den Rücken massieren, müssen Sie sehr sanft sein. Oft genügen streichen oder leichter Druck von oben mit den Handballen. Viele Pferde spannen ihren Rücken während der Massage an, vor allem dann, wenn die Muskulatur bereits gereizt ist. Hier eignen sich dann Mobilisationsübungen besser, die den Rücken aufwölben und die angespannte Muskulatur in ihre Ausgangslage zurückdehnen. Die Massagen der Vor- und Hinterhand wirken sich aber mit auf den Rücken aus und fördern die Durchblutung im gesamten Körper.

Sie sehen, dass für ein gelungenes Cool-down ein bisschen mehr Aufwand nötig ist als das bekannte Trockenreiten im Schritt. Die Mühe lohnt sich aber: Das Ergebnis eines gelungenen Cool-downs spüren wir in jeder Trainingseinheit. Das erholte Pferd ist locker und arbeitet willig mit. Es zeigt uns damit eindrucksvoll, dass die Cool-down-Phase es optimal auf die nächste Trainingseinheit vorbereitet.

Eine Massage steigert das Wohlbefinden des Pferdes und fördert die Beziehung zum Reiter.

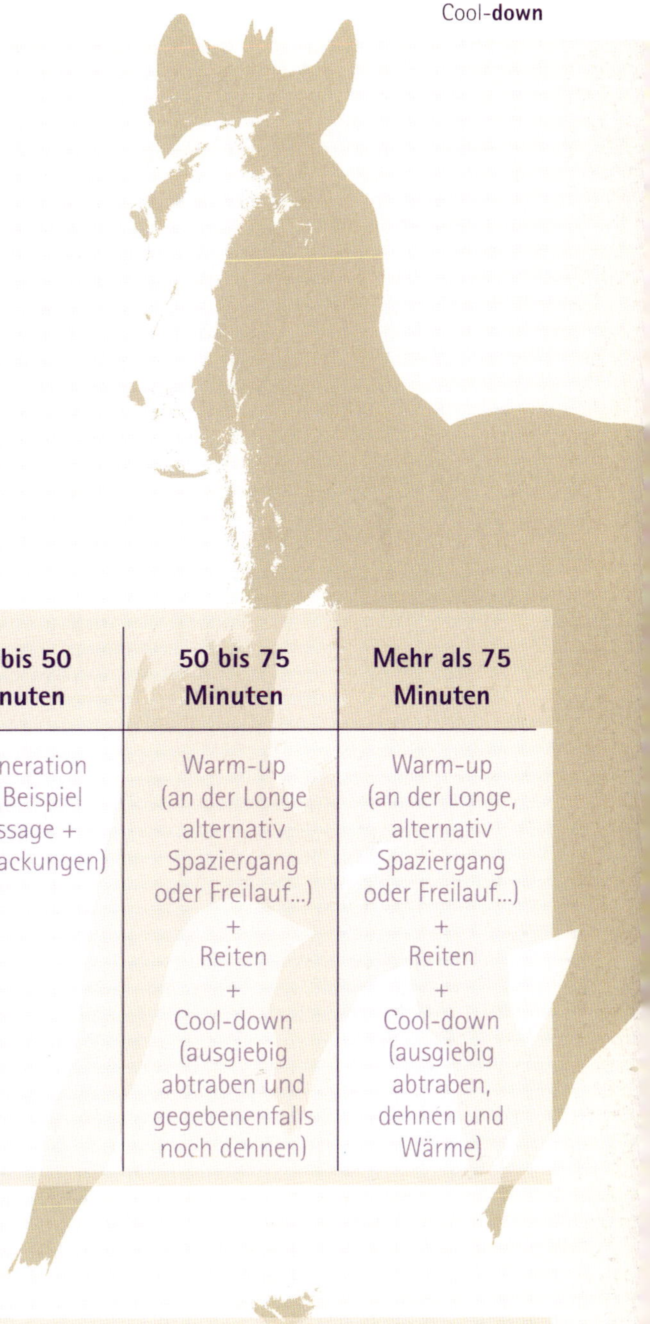

Trainingsplan

Zeit ist ein wesentlicher Faktor in der Trainingsplanung und -gestaltung. Die folgende Tabelle hilft Ihnen, das zu Ihrem Terminkalender passende pferdegerechte Trainingsprogramm zu planen.

Tabelle 3
Trainingsplan

Zeit pro Trainingseinheit	30 bis 40 Minuten	40 bis 50 Minuten	50 bis 75 Minuten	Mehr als 75 Minuten
Inhalt	Warm-up (an der Longe, alternativ Spaziergang oder Freilauf...) + Cool-down (zum Beispiel Dehnen)	Regeneration zum Beispiel (Massage + Moorpackungen)	Warm-up (an der Longe alternativ Spaziergang oder Freilauf...) + Reiten + Cool-down (ausgiebig abtraben und gegebenenfalls noch dehnen)	Warm-up (an der Longe, alternativ Spaziergang oder Freilauf...) + Reiten + Cool-down (ausgiebig abtraben, dehnen und Wärme)

Montag	Dienstag	Mittwoch	Donnerstag	Freitag	Samstag	Sonntag
Reitstunde	Regenerationstag (Massage + Moorpackung)	Reiten + Dehnen	Ausritt	Longe + Dehnen	Springgymnastik + Solarium	Spaziergang/ Longe

Nachwort

Wenn wir uns zu Hause die Reithose anziehen und die Stiefel zuschnüren, haben wir beschlossen, reiten zu gehen. Wir sind motiviert und stellen uns gedanklich schon auf das bevorstehende Training ein. Auf der Autofahrt überlegen wir, was wir heute üben wollen oder worauf wir heute besonders achtgeben. Unser vierbeiniger Partner ahnt hingegen noch nichts von alledem und kaut zufrieden auf ein paar Strohhalmen herum. Er weiß noch nicht, dass er in wenigen Minuten ein paar schwierige Lektionen üben oder zur Springstunde fahren wird. Wie können wir unserem Pferd aber vermitteln, jetzt freudig mit uns zusammenzuarbeiten?

Wenn wir den Stall betreten, wissen wir nicht, ob es heute motiviert ist zu lernen und sich ausbilden lassen möchte. Warum sollte es auch motiviert dazu sein?

Das Pferd hat doch ohne uns alles, was es braucht: Fressen, soziale Kontakte und genügend Bewegung auf der Koppel. Es muss nicht ausgebildet und geritten werden. Und wenn es doch geritten wird, sollte es ihm dabei gut gehen. Denn: Reiten bedeutet, auf unseren Partner achtzugeben.

In diesem Buch habe ich erklärt, welche positiven Effekte wir mit einer ausgedehnten Auf- und Abwärmphase erreichen und wie sehr wir dadurch die Ausbildung unseres Pferdes beeinflussen können. Wir fördern die Rückentätigkeit und Losgelassenheit – zwei wesentliche Merkmale der Grundausbildung des Pferdes. Zudem steigern wir die Motivation und das Wohlbefinden.

Doch es kostet Zeit, die Rückentätigkeit zu verbessern. Wir müssen das Pferd vor dem Reiten ohne Reitergewicht aufwärmen. Das Pferd kann sich so auf die Belastungen einstellen und sich psychisch und physisch entspannen. Schwingt sein Rücken, ist es losgelassen und wir können mit dem Reiten beginnen. Aber auch nach dem Reiten können wir es nicht einfach absatteln und in den Stall zurückbringen. Wir müssen die Regenerationszeiten beachten und unser Training danach ausrichten. Zudem können wir mit einem regelmäßigen Dehnprogramm muskuläre Dysbalancen ausgleichen und einen Spannungszustand in der Muskulatur lösen. Das Pferd kann dann besser in den Gelenken federn. Die Bewegungen des Pferdes werden elastischer und raumgreifender.

Wir benötigen also sehr viel Zeit, die wir vom Boden aus mit unserem Pferd verbringen. Aber diese Arbeit zahlt sich aus, in mehrfacher Hinsicht: Ihr Pferd wird sich wohler mit Ihnen fühlen, rittiger werden und Sie werden möglicherweise Ihre Beziehung zu ihm nachhaltig verbessern. Probieren Sie es aus!

Literaturverzeichnis

Bürger, Udo/Zietzschmann, Otto:
Der Reiter formt das Pferd.
3.Aufl. Warendorf: FNverlag, 2007

Denoix, Jean-Marie/Pailloux, Jean-Pierre:
Physiotherapie und Massage bei Pferden.
Stuttgart: Ulmer, 2000

Deutsche Reiterliche Vereinigung e.V. (Hrsg.):
Richtlinien für Reiten und Fahren.
Band 1. 27. Aufl. Warendorf: FNverlag, 2000

Gösmeier, Dr. med. Vet. Ina:
Akupressur für Pferde.
2. Aufl. Stuttgart: Kosmos, 2005

Heipertz-Hengst, Christine:
Pferde richtig trainieren.
Schwarzenbek: Cadmos, 1999

Hertsch, Bodo:
Anatomie des Pferdes.
Warendorf: FN-Verlag, 2012

Heuschmann, Dr. med. vet. Gerd:
Finger in der Wunde.
Schondorf: Wu-Wei, 2007

Hilberger, Oliver:
Gymnastizierende Arbeit an der Hand.
7. Aufl. Schwarzenbek: Cadmos, 2013

Karl, Philippe:
Irrwege der modernen Dressur.
Schwarzenbek: Cadmos, 2006/2007

Karp, Hans-Peter:
Gesunde Pferdefütterung.
Stuttgart: Müller Rüschlikon, 2011

Kleven, Helle Katrine:
Biomechanik und Physiotherapie für Pferde.
Warendorf: FN-Verlag, 2009

Lamparter, Anemone/Schulte-Wien, Beatrix:
Der passende Sattel. Ihrem Pferd zuliebe!
Stuttgart: Müller Rüschlikon, 2009

Langen, Barbara/Schulte-Wien, Beatrix:
Osteopathie für Pferde.
3. Auflage, Sonntag, 2013

Michel, Sven:
Muskuläre Ermüdung: theoretische Grundlagen und experimentelle Befunde.
Marburg: Tectum, 2001

Stodulka, Robert:
Medizinische Reitlehre.
Stuttgart: Parey, 2006

Teslau, Claus:
Stresspunktmassage nach Jack Meagher
2. Auflage, Stuttgart, Müller Rüschlikon, 2006

Thiel, Ulrike:
Geritten werden. So erlebt es das Pferd.
Stuttgart: Kosmos, 2011

van Damsen, Birgit:
Müde Pferde munter machen.
Schwarzenbek: Cadmos, 2007

Wendt, Marlitt:
Wie Pferde fühlen und denken.
Schwarzenbek: Cadmos, 2010

Wyche, Sara:
Der Pferderücken.
2. Aufl. Cham: Müller Rüschlikon, 2003

Wyche, Sara:
The Horse's Muscles in Motion.
Marlborough: Crowood, 2002

Stichwortregister